普通高等教育土木工程类专业信息化系列教材

U0380054

工程造价软件应用

主编 万荣辉 李晓琴 韩 瑷

西安电子科技大学出版社

本书分为软件应用基础篇、建筑工程计量篇和建筑工程计价篇。软件应用基础篇中介绍了 BIM 软件的发展、软件算量的基本原理和操作流程。建筑工程计量篇包括建模准备、结构工程量的计算、建筑工程量的计算和 CAD 导图识别建模等内容，分别从手动建立模型和 CAD 导图识别自动建立模型两个角度详细介绍如何识图、建立模型，如何从清单定额和平法图集角度进行分析，确定需要算什么以及如何算的问题，同时讲解如何应用广联达 BIM 土建计量平台 GTJ2021 软件完成手动建立模型和 CAD 导图识别建立模型，并计算结构、建筑工程量。建筑工程计价篇主要介绍了运用广联达云计价平台 GCCP6.0 完成清单工程量计价并编制招标控制价的全过程。通过本书的学习，读者可以掌握正确的算量流程和组价流程以及 GTJ2021 算量软件和 GCCP6.0 计价软件的应用方法，能够独立使用 GTJ2021 算量软件和 GCCP6.0 计价软件完成工程量计算和清单计价。

本书可作为普通高等院校应用型本科及高职高专学生的教材，也可作为相关人员的自学参考书。

图书在版编目 (CIP) 数据

工程造价软件应用 / 万荣辉，李晓琴，韩瑷主编. --西安：西安电子科技大学出版社，2023.9
(2024.1重印)
ISBN 978-7-5606-7007-2

Ⅰ. ①工…　Ⅱ. ①万…②李…③韩…　Ⅲ. ①建筑工程—工程造价—应用软件　Ⅳ. ①TU723.3-39

中国国家版本馆 CIP 数据核字 (2023) 第 152699 号

策　　划　薛英英　刘统军
责任编辑　雷鸿俊
出版发行　西安电子科技大学出版社(西安市太白南路 2 号)
电　　话　(029)88202421　88201467　　　　邮　　编　710071
网　　址　www.xduph.com　　　　电子邮箱　xdupfxb001@163.com
经　　销　新华书店
印刷单位　陕西天意印务有限责任公司
版　　次　2023 年 9 月第 1 版　　2024 年 1 月第 2 次印刷
开　　本　787 毫米×1092 毫米　1/16　印　张　16.5
字　　数　392 千字
定　　价　47.00 元

ISBN 978-7-5606-7007-2 / TU

XDUP 7309001-2

前　言

随着数字化、新型城镇化建设的持续推进，传统建筑模式已经难以适应建筑行业转型升级的需求。在建筑行业升级的同时，广大高校也在积极响应行业的变革和数字化发展，积极探索，勇于创新，不断进行教育改革，从而适应建筑行业的转型升级与快速发展对人才的需要。

在工程造价领域，住房和城乡建设部在 2014 年、2017 年先后发布了《关于进一步推进工程造价管理改革的指导意见》《工程造价事业发展"十三五"规划》等文件，提出需大力推进 BIM 技术在工程造价领域的应用，大力发展以 BIM、云计算、大数据为代表的先进技术，从而提升信息服务能力，构建信息服务体系。这些造价改革的顶层设计为工程造价行业明确指出了以数字化应用为核心的发展方向。为了顺应行业改革，帮助学生掌握行业新技术，培养造价领域的新型人才，编者特编写了本书。

本书以算量软件 GTJ2021 和计价软件 GCCP6.0 为操作平台，内容包括软件应用基础篇、建筑工程计量篇和建筑工程计价篇，主要介绍了 BIM 软件应用基础、结构工程量计算、建筑工程量计算、CAD 导图识别建模和招标控制价编制等内容。

本书以任务为导向，通过 25 个任务全面介绍了算量软件 GTJ2021 和计价软件 GCCP6.0 的操作及相关知识，每个任务均分为任务说明、任务分析和任务实施三个部分，以实际工程图纸为基础，以任务发布为导向，引导读者分析如何完成任务并完成任务实施的工作。同时在重点章节中设置了知识拓展及课后练习，以拓展知识、巩固学习内容并提升个人能力。

本书由万荣辉、李晓琴和韩瑗担任主编，具体编写分工为：万荣辉负责编写第 1 章及审核全书，李晓琴负责编写任务一到任务六、任务十四到任务

十九、任务二十三到任务二十五，韩瑷负责编写任务七到任务十三、任务二十到任务二十二。

在编写本书的过程中，虽然编者进行了反复斟酌和修改，但由于水平有限，书中难免存在不足之处，恳请广大读者批评指正。

编　者

2023 年 5 月

目　录

软件应用基础篇

本篇主要介绍 BIM 工程造价的概念、发展及对造价行业的巨大影响，软件算量的基本原理、操作流程以及软件应用相关的基本概念。

第 1 章　BIM 软件应用基础

知识目标

1. 了解工程造价信息化的发展及意义；
2. 理解 BIM 工程造价与计价的含义；
3. 掌握 BIM 工程造价与计价的应用；
4. 掌握软件算量的基本原理和操作方法。

能力目标

1. 理解 BIM 工程造价管理的内涵；
2. 掌握 BIM 在全过程造价管理中的应用；
3. 了解工程造价信息化的意义。

职业道德与素质目标

1. 适应造价行业的发展与变革，具有信息化技术的学习意识；
2. 具备良好的心理素质及职业素养。

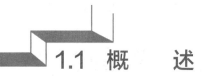

1.1　概　　述

1. BIM 造价的发展

随着计算机技术的进步和互联网应用领域的扩展提升，工程计价也逐渐从手工算量、计价，向信息化应用、数字化造价管理快速升级转型。

工程造价行业与计算机技术的"结合"是从计价文件的生成开始的，通过计价软件内设定额库的方式，实现了定额套用换算、工料机分析、取费设置等在计算机技术上的开发应用，将造价人员从繁重的基础计价工作中解脱出来，极大地提高了计价工作效率。2000年左右，计算机技术的快速发展使得自动计算工程量的设想得以实现，由最开始的电子表格运算功能代替手工计算，逐步发展到通过软件自动算量。在算量软件中完成工程量计算规则的设置后，造价人员只要完成手工输入施工图或导入电子版施工图自动识别建模，计算机就可以实现工程量的自动计算，从而解决了造价人员工作量最大、要求最高、耗时最久的问题。

近几年，建筑信息模型 (Building Information Modeling，BIM) 技术不断发展成熟，以其可视化、模拟性、优化性和可出图性等特点使工程建设的设计、施工、运营等各参与方都可以基于 BIM 进行协同工作，实现了在工程建设项目全生命周期内提高工作效率和质量，减少工作错误和降低工作风险的目标。

2. BIM 技术给造价行业带来的变化

(1) BIM 技术提高了工程量计算的准确性。从理论上讲，根据相同的计算规则，从工程图纸上得出的工程量应该是一个唯一确定的数值，然而不同的造价人员由于各自的专业知识水平所限，他们对图纸有不同的解读，最后会得到不同的数据。BIM 技术计算工程量的方法是运用三维图形算量软件中的建模法和数据导入法，计算时以楼层为单元，在算量软件的界面上输入相关构件数据，建立整栋楼层基础、墙、柱、梁、板、楼梯的建筑模型，根据建好的模型计算工程量。这种基于 BIM 技术计算工程量的方法不仅可以减少造价人员对经验的依赖，还可以利用 BIM 模型的三维可视化特点使工程量的计算更加准确真实。

(2) BIM 技术提升了工程结算效率。工程结算中一个比较麻烦的问题就是核对工程量。尤其对单价合同而言，在单价确定的情况下，工程量对合同价格的影响巨大，因此核对工程量就显得尤为重要。混凝土、钢筋、模板、脚手架等在工程中大量采用的材料，都是造价工程师工程量核对工作中的重点和难点，需要耗费大量的时间和精力。BIM 技术引入造价行业后，工程承包商利用 BIM 模型对施工阶段的工程量进行一定的修改及深化，并将该模型包含在竣工资料里提交给业主，经过设计单位的审核之后，业主又将该模型作为竣工图的一个最主要组成部分转交给咨询公司进行竣工结算审核，施工单位和咨询公司基于这个 BIM 模型导出的工程量必然是一致的。这就意味着，承包商在提交竣工模型的

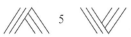

同时也提交了工程量，设计单位在审核模型的同时就已经审核了工程量。也就是说，只要是项目的参与人员，无论是咨询单位、设计单位还是施工单位或者业主，所有获得这个BIM 模型的人，得到的工程量都是一样的，从而大大提高了工程结算的效率。

(3) BIM 技术提高了核心竞争力。BIM 技术进入造价行业后，引起了很多造价人员的疑问，既然从设计单位到施工单位再到咨询单位，一个 BIM 模型就可以统一工程量，那么造价人员是否将被 BIM 技术所取代呢？答案当然是不会。BIM 的引入和普及发展只会淘汰专业技术能力差的从业人员。只要造价人员积极了解 BIM 技术给造价行业带来的变革，积极提升自身的专业能力，就不会被取代。当然，如果造价人员的核心竞争力仅仅在于计算体积、长度等简单重复的工作，那么软件的高度自动化计算一定会取代这部分人。但如果造价人员掌握一些软件很难取代的知识，比如精通清单定额、项目管理，那么BIM 软件反而会成为提高造价人员专业能力的好帮手。从事造价工作，算量只是基础，而软件只会减少基础工作、降低工作强度，这能让造价人员的工作不再仅仅局限于计算工程量上，而是可以上升到对整个项目的全面接触，比如全过程造价管理、项目管理、合同管理等，掌握这些能显著提高造价人员的核心竞争力，将为造价人员带来更好的职业发展前景。

3. BIM 在全过程造价管理中的应用

1) BIM 在投资决策阶段的应用

建设项目最关键的阶段是投资决策阶段，它对项目工程造价的影响高达 80%～90%，利用 BIM 技术，通过一些相关的造价信息以及 BIM 数据模型可较为精确地预估不可预见费用，减少风险，从而更加准确地确定投资估算。在进行多方案比选时运用 BIM 技术，以多维度模型方式进行虚拟建造，可以高效准确地估算各个方案的投资额，为项目的投资决策提供基础。

2) BIM 在设计阶段的应用

设计阶段是整个项目工程造价管理中十分重要的环节。通过信息交流平台，项目的各个参与方可以在早期介入工程建设中。在设计阶段，管理工程造价的主要措施是限额设计。通过限额设计，可以对工程变更进行合理控制，确保总投资不增加。在设计交底和图纸审查时，利用 BIM 技术可以将与图纸相关的所有内容汇总到 BIM 数据平台进行审核；利用BIM 的可视化模拟功能进行模拟、碰撞检查，可减少不合理设计及缺漏引发的设计变更，实现设计方案在经济和技术上的最优。

3) BIM 在招投标阶段的应用

招投标阶段涉及招标单位、投标单位等多方的工程管理和合同管理工作，BIM 技术的推广与应用，大大地提高了招投标管理的精细化程度和管理水平。招标单位利用 BIM可以精确计算招标所需的工程量，编制招标文件，从而减少后续施工阶段因工程量问题产生的纠纷。投标单位可以通过 BIM 进行虚拟建造，进一步完善施工组织设计和施工方案，合理安排施工进度，从而综合高效地制订本单位的投标策略，提高中标率。

4) BIM 在施工阶段的应用

建筑工程的施工周期一般都比较长，在这段时间里，工程的很多资源配置都会发生变化，比如材料价格、人工成本、施工工期等，这些都会直接影响工程造价，而 BIM 技术能够解决这些问题。在实际的过程作业中，利用 BIM 技术将结构、装饰、机电等专业结合起来，通过 BIM 模型可以把项目安全、质量、成本等信息联系起来，作为工程管理的分析模型，通过模块划分，帮助造价管理人员进行更精细的成本管理，预防资源的浪费和工程质量问题的出现，同时也在某种程度上降低了工程变更出现的概率。

5) BIM 在竣工验收阶段的应用

引入 BIM 技术之前的竣工验收阶段，造价人员需要核对工程量，重新整理变更、竣工资料，计算细化到梁、板等具体构件。同时，由于造价人员的自身经验水平和计算逻辑不一样，会导致在对量过程中产生争议。BIM 模型可以将前面阶段的量价信息进行整合，真实完整地记录工程建造过程中出现的各项数据变化，从而提高工程结算的效率，并更好地控制建造成本。

1.2　软件算量的基本原理

1.2.1　工程量算量的基本原理

1. 工程量的含义

工程量是指按照一定的工程量计算规则计算所得的、以物理计量单位或自然计量单位所表示的建筑工程各个具体的分部分项工程、措施工程或结构构件的数量。可以看出，工程量包括两部分内容：工程数量和计量单位。

(1) 工程数量：有工程量和实物量之分。工程量是按照工程量计算规则根据尺寸形状计算所得的工程数量。为了简化工程量的计算，在工程量计算规则中，往往对某些零星的实物量作出扣除或不扣除、增加或不增加的规定。实物量是实际完成的工程数量。

(2) 计量单位：计量单位包括物理计量单位和自然计量单位。物理计量单位是指以度量表示的长度、面积、体积和重量等单位；自然计量单位是指以客观存在的自然实体表示的套、台、根、片、组等单位。计量单位还有基本计量单位和扩大计量单位之分，基本计量单位如 m、m^2、m^3、kg、个等，扩大计量单位如 10 m、100 m^2、1000 m^3、10 个等。工程量清单一般采用基本计量单位，预算定额一般采用扩大计量单位，应用时一定要注意单位换算。

工程量的计算力求准确，它是编制工程量清单、确定建筑工程直接费、编制施工组织设计、编制材料供应计划、进行统计工作和实现经济核算的重要依据。

2. 工程计量的含义

工程计量是工程量清单编制的主要工作内容之一，同时也是工程计价的基本数据和主要依据。计量是否正确直接影响清单编制的质量和工程计价的正确性。工程计量包括以下两方面内容：

(1) 工程量清单项目的工程计量。清单项目的工程计量是依据工程量计算规范中的计算规则，对清单项目确定其工程数量和单位的过程。工程量清单是招标文件的组成部分，由招标人或招标代理机构编制。

(2) 预算定额项目的工程计量。预算定额项目的工程计量是依据工程量清单计价定额中的工程量计算规则，对定额项目确定工程数量和单位的过程。定额项目是编制施工图预算的基础，也是清单计价模式下综合单价组价的基础。

3. 建筑工程算量的计算依据及相关规范

建筑工程算量的计算依据及相关规范如下：

(1)《房屋建筑与装饰工程工程量计算规范》GB 50854—2013；

(2)《通用安装工程工程量计算规范》GB 50856—2013；

(3) 施工设计文件；

(4) 相关施工规范；

(5) 施工组织设计；

(6) 建筑工程预算定额。

1.2.2　BIM 建模及工程量计算

建筑工程量的计算是一项工作量大且烦琐的工作。工程量计算的算量工具随着信息化技术的发展，经历了算盘、计算器、计算机表格、计算机建模几个阶段。本书采用建筑模型进行工程量的计算。

目前建筑设计输出的图纸中绝大多数采用二维设计，一般是提供建筑的平、立、剖面图纸，以对建筑物进行表达。建模算量则是将建筑平、立、剖面图结合起来，建立建筑的空间三维模型，算量软件再根据三维模型计算工程量。模型可以准确地表达各类构件之间的空间位置关系，根据模型土建算量软件可以按计算规则计算各类构件的工程量，构件之间的扣减关系则根据模型由程序进行自动处理，从而准确得到各类构件的工程量。为方便工程量的调用，计算所得的工程量可以以代码的方式提供，套用清单与定额时，软件可以直接调用工程量，如图 1-1 所示。

图 1-1　模型规则原理

使用土建算量软件进行工程量计算，已经从手工计算的大量书写与计算转化为建立建筑模型。无论手工算量还是软件算量，都有一个基本的要求，即知道算什么以及如何算。

知道算什么，是做好算量工作的第一步，也是业务关键。手工算、软件算只是采用了不同的手段而已。

软件算量的重点：一是快速地按照图纸的要求建立建筑模型；二是将算出来的工程量与工程量清单、定额进行关联；三是掌握特殊构件的处理及灵活应用。

1.3　软件算量操作

广联达 BIM 土建算量平台 GTJ2021 进行实际工程的绘制和计算的大体流程如图 1-2 所示。

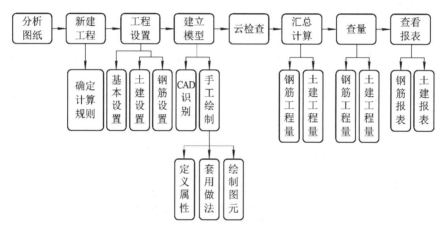

图 1-2　土建工程算量流程

1. 分析图纸

在新建工程之前，需要分析查看相应的工程图纸，一套完整的图纸应包括建筑设计说明、结构设计说明、建筑施工图、结构施工图和相应的详图。首先要熟悉设计说明，了解工程的概况，然后识读结构施工图、建筑施工图。结构施工图主要用于了解工程基础、主体的结构类型、结构层高、柱网平面布置、结构材料要求、基础埋深等结构信息。建筑施工图主要用于了解每层建筑布局、墙体布置、室内外装饰做法、屋面防水构造等。

2. 新建工程

启动软件后，根据提示依次输入工程名称，选择相应的计算规则、清单定额库、钢筋规则等。

3. 工程设置

工程设置包括基本设置、土建设置和钢筋设置三大部分。在基本设置中可以进行工程信息和楼层设置；在土建设置中可以进行土建模块的计算设置和计算规则设置；在钢筋设置中可以进行钢筋模块计算设置、比重设置、弯钩设置、损耗设置和弯曲调整值设置。

4. 建立模型

建立模型有两种方式：第一种是通过 CAD 识别；第二种是通过手工绘制。CAD 识别包括识别构件和识别图元。手工绘制包括新建图元定义属性、套用做法及绘制图元。在建模过程中，可以通过"建立轴网→建立构件→设置属性／做法套用→绘制构件"完成建模。轴网的创建可以为整个模型的创建确定基准，建立构件包括柱、梁、板、墙、门窗洞、楼梯、装修、土方、基础等构件的创建。每个创建出的构件都需要设置属性，并进行做法套用，包括清单和定额项的套用，最后建立的构件需要在模型中绘制图元，以便软件根据绘制的图元进行工程量汇总计算。

5. 云检查

模型绘制好后可以进行云检查，软件会从业务方面检查构件图元之间的逻辑关系。

6. 汇总计算

云检查无误后，进行汇总计算，可以分别计算钢筋和土建工程量。

7. 查量

汇总计算后，可以查看钢筋和土建工程量，包括查看钢筋三维显示、钢筋及土建工程量的计算式。

8. 查看报表

最后是查看报表，包括钢筋报表和土建报表。

> **小提示**
>
> 在进行构件绘制时，针对不同的结构类型采用不同的绘制顺序，一般为：
>
> 框架结构：柱→梁→板→墙体→门窗→过梁→楼梯→装饰→其他；
>
> 框剪结构：柱→剪力墙→梁→板→填充墙→门窗→过梁→楼梯→装饰→其他；
>
> 砖混结构：墙体→门窗→过梁→柱→梁→板→楼梯→装饰→其他。

1.4 常用的基本概念及相关术语

下面介绍本书涉及的一些基本术语和基本操作。

1. 基本术语

(1) 构件：在绘图过程中建立的剪力墙、梁、板、柱等，在构件列表框中显示。

(2) 构件图元：简称图元，指绘制在绘图区域的图形。它在绘图区显示，也可称为在绘图区绘制的构件。

(3) 钢筋级别：在钢筋信息中，A表示一级钢，B表示二级钢，C表示三级钢，D表示新三级钢，L表示冷轧带肋，N表示冷轧扭。如果还要继续细分，可参考软件工程设置的比重设置文字说明。本书的钢筋等级符号均采用A、B、C表示。

(4) 选择状态：没有选中任何命令和图元时，可以操作鼠标选择任意命令和图元。

(5) 动态观察：在不同角度观察模型的三维效果。

2. 操作

(1) 点选：当鼠标处于选择状态时，在绘图区域点击某图元，则该图元被选中。

(2) 框选：当鼠标处于选择状态时，在绘图区域内拉框进行选择。点击图中任一点，向右方拉一个方框选择，拖动框为实线，只有完全包含在框内的图元才被选中。或者点击图中任一点，向左方拉一个方框选择，拖动框为虚线，框内及与拖动框相交的图元均被选中。

(3) 批量选择：当鼠标处于选择状态时，点击工具栏上的"批量选择"按钮，可以在出现的对话框中选择指定的构件图元。

(4) 点击：将鼠标光标对准软件中的功能项、命令项或窗口，点击鼠标左键。

(5) 单击：鼠标的一次动作，即用鼠标左键或右键点击一次的动作。

(6) 双击：连续点击鼠标左键两次。

3. 软件操作界面

(1) 打开GTJ2021后，软件主界面包括菜单栏、工具栏、导航栏、构件列表、属性列表、绘图区和状态栏等区域，如图1-3所示。

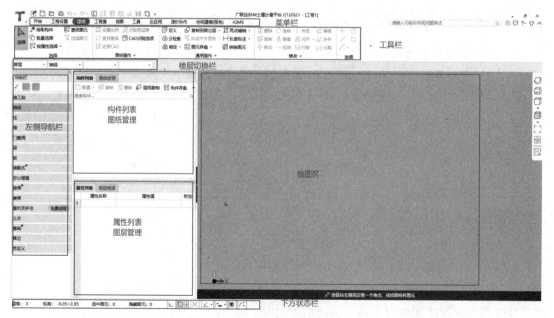

图1-3　GTJ2021软件主界面

　　菜单栏包含开始、工程设置、建模、工程量、视图、工具、云运用、造价协作、协同建模和 IGMS 等多个选项卡。切换不同的选项卡，工具栏内会显示不同的工作面板。在建模选项卡下，导航栏选择不同的构件时，工具栏的工作面板以及工作面板上的命令也不相同。

　　选中左边导航栏构件时，构件列表中会出现所有新建的该构件名称，选中某一构件名，属性列表可查看、修改其相应属性。

　　绘图区域可以绘制图元建立模型。

　　状态栏显示当前楼层的基本信息，并通过文字提示不同命令状态下的操作步骤。

　　(2) GCCP6.0 软件主界面包括标题栏、一级导航栏、功能区、项目结构树、二级导航栏、数据编辑区、属性编辑栏和状态栏区域，如图 1-4 所示。

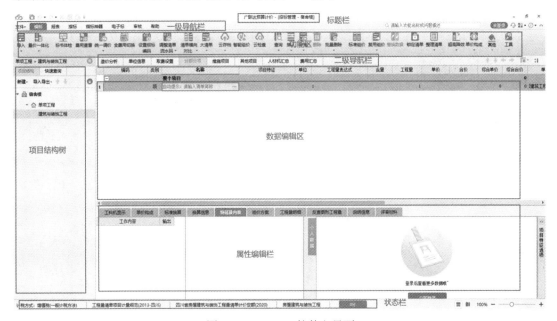

图 1-4　GCCP6.0 软件主界面

4. 工程图纸

　　本书以任务形式介绍计量和计价两种不同软件的操作使用，任务发布以实际的工程案例图纸作为基础；采用的是宿舍楼施工图，主要分为宿舍楼－结施和宿舍楼－建施。在后续章节中提到图纸相关名词时，会出现缩写，在此作简单介绍。

　　(1) 宿舍楼－结施：宿舍楼的结构施工图，包括结构设计总说明、基础施工图、地梁施工图、柱梁板平法施工图、楼梯配筋图。

　　(2) 宿舍楼－建施：宿舍楼的建筑施工图，包括建筑设计总说明、楼层平面图、立面图、楼梯及大样图。

　　(3) 结施-01：结构施工图的 1 号图纸，结构设计总说明一。结构施工图包括图名和图号，图号写作结施-XX。

(4) 建施 -01：建筑施工图的 1 号图纸，建筑设计总说明一。建筑施工图的图号写作建施 -XX。

具体图纸内容详见附录二。

建筑工程计量篇

建筑工程计量篇包括建模准备、结构工程量的计算、建筑工程量的计算和 CAD 导图识别建模四章内容。

第 2 章介绍正式绘制工程前新建工程、工程设置和新建轴网等准备工作的具体操作。

第 3 章详细介绍结构工程如何识图，如何从清单定额和平法图集角度分析图纸，确定需要算什么以及如何算的问题；同时讲解如何应用广联达 BIM 土建计量平台 GTJ2021 软件，手动完成结构构件柱、梁、板、楼梯及基础构件的新建、绘制，模型的建立以及工程量的计算。

第 4 章详细介绍建筑工程如何识图，如何从清单定额和平法图集角度分析图纸，确定需要算什么以及如何算的问题；同时讲解如何应用广联达 BIM 土建计量平台 GTJ2021 软件，手动完成建筑构件砌体墙、门窗洞口、装修及零星构件的新建、绘制，模型的建立以及工程量的计算。

虽然利用软件算量已经大大提高了算量速度，但是仍然需要算量人员按照图纸进行构件的新建、绘制。第 5 章详细介绍 CAD 导图识别的原理和流程；同时讲解如何应用广联达 BIM 土建计量平台 GTJ2021 软件，通过导入识别 CAD 图纸，自动完成构件的新建、绘制，模型的建立以及工程量的计算。值得注意的是，目前 CAD 导图并不能完全代替手工建模，可是也进一步提高了算量速度。

第2章 建模准备

 **知识目标**

1. 了解新建项目所涉及的规则；
2. 掌握楼层及轴网的含义；
3. 掌握施工图的识读方法和图纸基本信息。

能力目标

1. 新建项目并正确进行工程设置；
2. 正确定义楼层并统一设置各构件混凝土强度；
3. 按照图纸定义绘制轴网。

职业道德与素质目标

1. 落实我国安全、节能、绿色建筑的相关政策；
2. 遵守"诚信、公正、敬业、进取"的工作原则。

任务一　新建工程

任务说明

根据《宿舍楼施工图》的设计说明，工程的钢筋平法规则为《混凝土结构施工图平面整体表示方法制图规则和构造详图》16G101 系列，项目所在地为四川，采用《房屋建筑与装饰工程计量规范计算规则》GB 50584—2013 和《四川省建设工程工程量清单计价定额计算规则》(2020)。要求在规定时间内，在广联达 BIM 土建计量平台 GTJ2021 软件中完成宿舍楼项目的新建。

任务分析

1. 准备资料

全套施工图、《房屋建筑与装饰工程工程量计算规范》GB 50584—2013、广联达 BIM 土建计量平台 GTJ2021。

2. 分析任务

从本套图纸中可以查询工程名称，并按项目所在地正确选择软件中的清单及定额版本。《房屋建筑与装饰工程工程量计算规范》GB50584—2013 是全国统一规范，建模软件为了适应不同地区的定额规则而设置了相应地区的清单及定额规则。

在新建工程前应先分析图纸中的"结构设计总说明"。在附图 1 "结构设计总说明一""采用图集"中包括了《混凝土结构施工图平面整体表示方法制图规则和构造详图》(现浇混凝土框架、剪力墙、梁、板)(16G101-1)、《混凝土结构施工图平面整体表示方法制图规则和构造详图》(现浇混凝土板式楼梯)(16G101-2)、《混凝土结构施工图平面整体表示方法制图规则和构造详图》(独立基础、条形基础、筏形基础、桩基础)(16G101-3)，软件算量要依照此规则进行。

任务实施

新建工程的基本流程：新建工程→新建工程窗口信息输入。

1. 新建工程

在分析图纸、了解工程的基本概况之后，启动广联达 BIM 土建计量平台 GTJ2021 软件，进入软件界面新建工程。

双击打开软件，一般在界面左上角工具栏有新建工程命令，在"开始"选项卡下点击"新建"命令，快捷键为"Ctrl + N"，如图 2-1 所示。

图 2-1 新建工程

2. 新建工程窗口信息输入

鼠标左键点击"新建"命令，软件弹出"新建工程"窗口，在框内输入或在下拉菜单中完成工程名称的输入、计算规则的选择、钢筋规则的选择。

(1) 工程名称：按工程图纸名称输入，保存时会作为默认的文件名。本工程名称为"宿舍楼"。

(2) 计算规则：如图 2-2 所示。

图 2-2 新建工程窗口信息输入

计算规则选择完成后，软件会自动匹配清单、定额库。

(3) 平法规则：选择"16 系平法规则"。

(4) 汇总方式：选择按照钢筋图示尺寸－即外皮汇总。

所有信息完成后点击"创建工程"。

知识拓展

广联达 BIM 土建计量平台 GTJ2021 软件在工程信息设置界面有两种汇总方式：按照

钢筋图示尺寸，即外皮汇总；按照钢筋下料尺寸，即中心线汇总。

(1) 当软件选择按照钢筋图示尺寸即外皮汇总时，软件的计算方式用构件的长度扣除保护层再加上弯折长度。

(2) 当软件选择按照钢筋下料尺寸即中心线汇总时，钢筋计算长度需要减去钢筋弯曲调整值。因为钢筋弯曲过程中外层表面受拉伸长，内侧表面受压缩短，钢筋的中心线长度保持不变。在钢筋的弯折点两侧，外包尺寸与中心线弧长之间有一个长度差值，也就是钢筋弯曲调整值。"按照钢筋下料尺寸即中心线汇总"钢筋的长度为构件长度扣除保护层再加上规定的弯折长度，并扣减弯曲调整值。

不同地区的规则存在一定差异。如果有明确要求的，则按要求执行；如果没有明确要求的，则需要结合清单、定额规则说明、答疑、解释的要求并根据项目的实际情况判断、选择汇总方式。

▶▶ ⊚【课后练习】···

判断题

1. 数字化建模软件新建工程的快捷键为 F1。　　　　　　　　（　　）

2. 建模软件在不同地区设置了统一的清单及定额规则。　　　（　　）

3. 在工程造价业务中，钢筋工程量按照钢筋外皮汇总。　　　（　　）

4. 土建计量时采用的数字化建模软件名称中最符合的是云计价平台。（　　）

5. 数字化建模软件新建工程时不需要手动输入的内容是清单库和定额库。（　　）

任务二　工程设置

任务说明

根据《宿舍楼施工图》的设计说明，工程结构类型为框架结构，抗震等级为三级，设防烈度为 7 度，共四层。

要求在规定时间内确定建筑工程的算量设置，并在广联达 BIM 土建计量平台 GTJ2021 软件中完成基本设置、土建设置、钢筋设置和楼层设置。

任务分析

1. 准备资料

全套施工图、《房屋建筑与装饰工程工程量计算规范》GB 50584—2013、《混凝土结构施工图平面整体表示方法制图规则和构造详图》(16G101-1)、广联达 BIM 土建计量平台 GTJ2021 等。

2. 分析任务

从本套图纸中可以识读到结构类型、抗震等级、设防烈度、混凝土强度等级、墙体材料、砌筑砂浆强度等级、工程的层数、层高等基本信息，具体如下：

(1) 工程名称：宿舍楼；

(2) 建筑类型：住宅楼；

(3) 结构类型：框架结构；

(4) 抗震等级：三级抗震；

(5) 设防烈度：7 度；

(6) 设计室外地坪标高：−0.45 m；

(7) 混凝土强度等级：基础垫层 C15、基础和地梁 C30、构造柱 C25、过梁 C25、框架梁 C30、现浇板 C30。

通过识读建筑施工图的平面图、剖面图 (附图 10 "建施 -03" ～附图 9 "建施 -08") 可知，本工程整体为四层，局部为出屋面楼层，五层为楼梯间，均可读出各楼层层高。通过识读施工图可知建筑标高与结构标高相差 0.05 m，各层层高同建筑标高。识读附图 2 "结施 -04" 可知，基础最低垫层底标高为 −1.9 m。

表2-1　各楼层层高数据

楼层	层高 /m	结构底标高 /m	结构顶标高 /m
屋面		14.75	
5 层	2.8	11.95	14.75
4 层	3	8.95	11.95
3 层	3	5.95	8.95
2 层	3	2.95	5.95
1 层	3	−0.05	2.95
基础层	1.85	−1.9	

各楼层层高详见表 2-1。软件中楼层设置应以结构标高为准。

 任务实施

工程设置的基本流程：基本设置→土建设置→钢筋设置→楼层设置。

创建工程后，进入软件界面，如图 2-3 所示，分别对基本设置、土建设置、钢筋设置、楼层设置进行修改。

图 2-3　工程设置

1. 基本设置

首先对基本设置中的工程信息进行修改，点击 "工程信息" 命令，出现图 2-4 所示的界面。蓝色字体部分必须填写，黑色字体所示信息只起标识作用，可以不填，不影响计算结果。一般情况下只要填上工程名称、结构类型、抗震等级、设防烈度、室外地坪和檐高，其余如项目所在地、建筑类型、建筑用途等与计算工程量无关的可以选填。

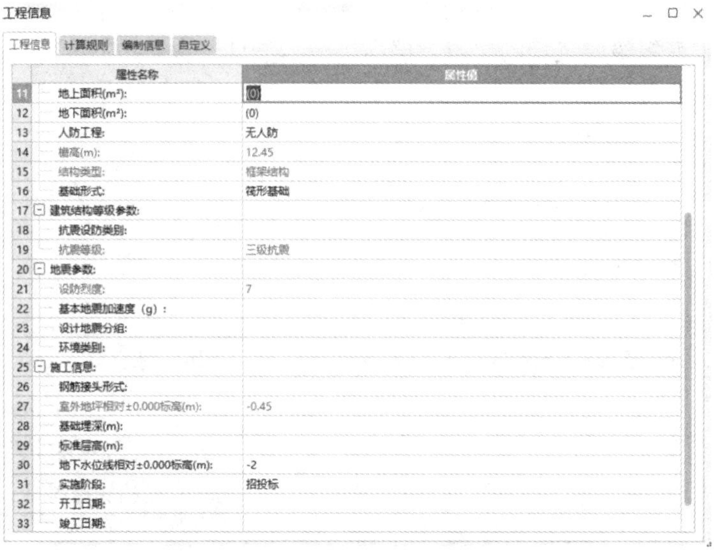

图 2-4　工程信息

2. 土建设置

点击"土建设置"面板中的"计算规则"命令，可以查看各个构件的混凝土工程量计算规则。土建规则在前面"创建工程"时已选择，软件已按照选择计算规则自动确认，一般情况下此处不需要修改。

3. 钢筋设置

1) 计算设置

点击"钢筋设置"面板中的"计算设置"命令，在弹出的窗口中默认选中的是计算规则，如图 2-5 所示。一般情况下需要根据图纸进行相应的修改。

图 2-5　计算设置

(1) 修改柱计算设置。点击"钢筋设置"面板中的"计算设置"命令，在弹出的窗口中点击"柱 / 墙柱"，可以查看各种柱构件的钢筋工程量计算设置。根据图纸进行修改，如柱在基础插筋的相关数据，如图 2-6 所示。

图 2-6　柱钢筋规则设置

(2) 修改梁计算设置。点击"钢筋设置"面板中的"计算设置"命令，在弹出的窗口中点击"框架梁"，可以查看各种框架梁构件的钢筋工程量计算设置。一般情况下根据图纸进行修改，如修改，则涉及全楼修改；如图纸无特别说明，则按照软件默认设置，如图 2-7 所示。

例如，在附图 4 "结施 -07"中，说明"2. 未注明的附加箍筋为每边各 3Cd@50(d 同梁箍筋直径)"，修改"26. 次梁两侧共增加箍筋数量为 6"，如图 2-7 所示。

图 2-7　梁钢筋规则设置

(3) 修改板计算设置。点击"钢筋设置"面板中的"计算设置"命令，在弹出的窗口中点击"板 / 坡道"，可以查看各种板构件的钢筋工程量计算设置。一般情况下需要按照图纸进行修改，特别是分布钢筋、板洞相关钢筋、钢筋标注长度位置等相关数据要与图纸一致。

例如，在附图 5 "结施 -11"中，说明"未画板分布筋均 C8@200"，在"板 / 坡道"窗口中修改"3. 分布钢筋配置"，如图 2-8 所示，点击"确定"按钮即可。

图 2-8　分布钢筋配置

查看附图 1 "结施 -03" 的"图十二，板上部钢筋尺寸标注示意"，修改"跨板受力筋标注长度位置"为"支座中心线"，"板中间支座负筋标注是否含支座"为"是"，"单边标注支座负筋标注长度位置"为"支座中心线"，修改后如图 2-9 所示。

图 2-9　钢筋标注长度位置设置

2) 搭接设置

点击"钢筋设置"面板中的"计算设置"命令，在弹出的窗口中选择"搭接设置"，如图 2-10 所示。一般情况下需要根据图纸进行相应的修改，图纸无说明则按照当地清单及定额计算规则设置。

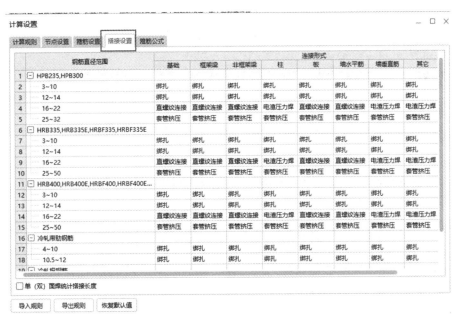

图 2-10　搭接设置

3) 比重设置

点击"钢筋设置"面板中的"比重设置"命令，在弹出的窗口中可以查看修改普通钢筋、冷轧带肋钢筋等的钢筋比重。由于市面上直径为 6 mm 的钢筋较少，一般采用 6.5 mm 的钢筋，因此一般情况下需要将直径为 6.5 mm 的钢筋比重复制到直径为 6 mm 的钢筋比重中，如图 2-11 所示。

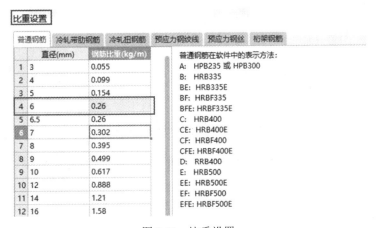

图 2-11　比重设置

4. 楼层设置

1) 新建楼层

在"工程设置"选项卡下点击"楼层设置"命令，如图 2-12 所示，软件默认给出首层和基础层。

图 2-12　楼层设置

将鼠标定位在首层，点击"插入楼层"，则插入地上楼层。将鼠标定位在基础层，点击"插入楼层"，则插入地下室。按照楼层层高数据表 2-1 修改层高。

首层的结构底标高输入 −0.05 m，层高输入 3 m，板厚最常用的为 110 mm。单击鼠标左键选择首层所在的行，点击"插入楼层"，添加第 2 层，层高输入 3 m，最常用的板厚为 110 mm。按照在建立第 2 层时使用的方法，建立第 3 层和 4 层，层高均为 3 m。以同样的方法，建立屋面层，层高为 2.8 m。修改层高后，如图 2-13 所示。

图 2-13　输入楼层层高数据

2) 混凝土强度等级及保护层厚度修改

由附图 1 可知，本工程不同楼层混凝土强度等级不同，主要构件混凝土强度等级如表 2-2 所示。

表 2-2　混凝土强度等级

混凝土所在部位	混凝土强度等级	备注
基础垫层	C15	
独立基础、地梁	C30	
基础层～层高 2.95 结构：柱	C35	
2.95～出屋面层主体结构：柱	C30	
楼梯、梁、板	C30	
其余各结构构件：构造柱、过梁、圈梁等	C25	

主筋的保护层厚度如下：

(1) 基础钢筋：40 mm；

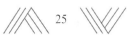

(2) 地梁：30 mm；

(3) 柱、梁：20 mm；

(4) 楼板、楼梯板：15 mm。

根据结施图信息，可先在首层设置各构件混凝土强度、混凝土保护层厚度，更改后数据会以浅绿色显示，如图 2-14 所示。

楼层混凝土强度和锚固搭接设置 (宿舍楼 首层, -0.05 ~ 2.95 m)						锚固						搭接						保护层厚度(mm)
	抗震等级	混凝土强度等级	混凝土类型	砂浆标号	砂浆类型	HPB235(A) ···	HRB335(B) ···	HRB400(C) ···	HRB500(E) ···	冷轧带肋	冷轧扭	HPB235(A) ···	HRB335(B) ···	HRB400(C) ···	HRB500(E) ···	冷轧带肋	冷轧扭	
垫层	(非抗震)	C15	普通混凝土	M5	水泥砂浆	(39)	(38/42)	(40/44)	(48/53)	(45)	(45)	(55)	(53/59)	(56/62)	(67/74)	(63)	(63)	(25)
基础	(非抗震)	C30	普通混凝土	M5	水泥砂浆	(30)	(29/32)	(35/39)	(43/47)	(35)	(35)	(42)	(41/45)	(49/55)	(60/66)	(49)	(49)	(40)
基础梁/承台梁	(非抗震)	C30	普通混凝土			(32)	(30/34)	(37/41)	(45/49)	(37)	(35)	(45)	(42/48)	(52/57)	(63/69)	(52)	(49)	(40)
柱	(二级抗震)	C35	普通混凝土	M5	水泥砂浆	(31)	(28/32)	(34/37)	(41/45)	(37)	(35)	(41)	(39/45)	(48/52)	(57/63)	(52)	(49)	25
剪力墙	(二级抗震)	C20	普通混凝土			(41)	(40/44)	(42/46)	(50/56)	(48)	(57)	(48/53)	(50/55)	(60/67)	(58)	(54)	(20)
人防门框墙	(二级抗震)	C20	普通混凝土			(41)	(40/44)	(42/46)	(50/56)	(48)	(57)	(56/62)	(59/64)	(70/78)	(67)	(63)	(20)
暗柱	(二级抗震)	C20	普通混凝土			(41)	(40/44)	(42/46)	(50/56)	(48)	(57)	(56/62)	(59/64)	(70/78)	(67)	(63)	(20)
端柱	(二级抗震)	C20	普通混凝土			(41)	(40/44)	(42/46)	(50/56)	(48)	(57)	(56/62)	(59/64)	(70/78)	(67)	(63)	(20)
墙梁	(二级抗震)	C20	普通混凝土			(41)	(40/44)	(42/46)	(50/56)	(48)	(57)	(56/62)	(59/64)	(70/78)	(67)	(25)	
框架梁	(二级抗震)	C30	普通混凝土			(32)	(30/34)	(40/44)	(48/53)	(45)	(45)	(42/48)	(52/57)	(63/69)	(61)	(49)	25
非框架梁	(非抗震)	C30	普通混凝土			(30)	(38/42)	(40/44)	(48/53)	(45)	(45)	(55)	(53/59)	(56/62)	(67/74)	(63)	(63)	(25)
现浇板	(非抗震)	C30	普通混凝土			(30)	(29/32)	(35/39)	(43/47)	(35)	(35)	(42)	(41/45)	(49/55)	(60/66)	(49)	20	
楼梯	非抗震	C30	普通混凝土			(30)	(29/32)	(35/39)	(43/47)	(35)	(35)	(42)	(41/45)	(49/55)	(60/66)	(49)	(20)	
构造柱	(二级抗震)	C25	普通混凝土			(36)	(35/38)	(42/46)	(50/56)	(42)	(40)	(50)	(49/53)	(59/64)	(70/78)	(59)	(59)	
圈梁/过梁	(二级抗震)	C25	普通混凝土			(36)	(35/38)	(42/46)	(50/56)	(42)	(40)	(50)	(49/53)	(59/64)	(70/78)	(59)	(59)	
砌体墙柱	(非抗震)	C15	普通混凝土	M5	水泥砂浆	(39)	(38/42)	(40/44)	(48/53)	(45)	(45)	(55)	(53/59)	(56/62)	(67/74)	(63)	(63)	(25)
其它	(非抗震)	C20	普通混凝土	M5	水泥砂浆	(39)	(38/42)	(40/44)	(48/53)	(45)	(45)	(55)	(53/59)	(56/62)	(67/74)	(63)	(63)	(25)

基本锚固设置　复制到其他楼层　恢复默认值(D)　导入钢筋设置　导出钢筋设置

图 2-14　输入首层混凝土强度等参数

点击"复制到其他楼层"，在弹出的窗口中选择参数一致的楼层，点击"确定"按钮，即可批量调整相同参数的其他楼层，如图 2-15 所示。重复该步骤，修改所有楼层参数。

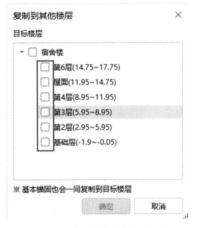

图 2-15　批量修改楼层参数

知识拓展

楼层设置需要结合建筑施工图与结构施工图进行综合识图，注意基础层、屋面层层高的准确识读，同时注意对每层混凝土强度等级、砂浆种类、混凝土保护层厚度分别设置。

工程信息识图尤为重要，需要仔细审图，提取有用的信息，便于后续工程设置时能更加准确快捷。

▶▶ 【课后练习】 ···

判断题

1. 新建楼层时基础层层高可以在施工图中直接读出。　　　　　　　　　（　　）
2. 新建楼层时可以同时设置每层的梁截面尺寸。　　　　　　　　　　　（　　）
3. BIM 算量软件中楼层设置的目的是在相应楼层高度范围内绘制图元。（　　）
4. 新建楼层时设置首层层底标高一般以结构标高为准。　　　　　　　　（　　）
5. 施工图中各层层高建筑与结构一致。　　　　　　　　　　　　　　　（　　）

任务三　新建轴网

📋 任务说明

根据《宿舍楼施工图》的首层平面图、施工图，轴网为正交轴网。

要求在规定时间内开始项目建模，在广联达 BIM 土建计量平台 GTJ2021 软件中完成轴网建立工作。

🧑‍🏫 任务分析

1. 准备资料

全套施工图、《房屋建筑与装饰工程工程量计算规范》GB 50584—2013、《混凝土结构施工图平面整体表示方法制图规则和构造详图》(16G101-1)、广联达 BIM 土建计量平台 GTJ2021 等。

2. 分析任务

轴网由定位轴线 (建筑结构中的墙或柱的中心线)、标志尺寸 (用以标注建筑物定位轴线之间的距离大小) 和轴号组成。定位轴线通常由横向轴线和纵向轴线组成，下开间指轴网下部左右相邻两个纵向轴线编号之间的尺寸，上开间同理；左进深指轴网左侧上下相连两个横向轴线编号之间的尺寸，右进深同理。轴网是各楼层中用来确定构件水平准确位置的关键要素，分为直线轴网、斜交轴网和弧线轴网。

查看本工程轴网，该工程的轴网是简单的正交轴网，上下开间的轴距相同，左右进深的轴距也相同。

📚 任务实施

新建轴网的基本流程：新建轴网→添加轴网开间和进深→绘制轴网。

切换到"建模"选项卡下，在左侧"导航栏"中点击"轴线"→"轴网"，如图 2-16 所示。

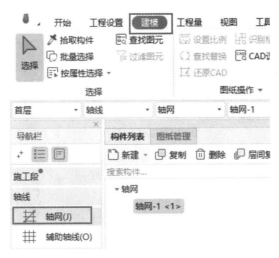

图 2-16 轴网

1. 新建轴网

在"构件列表"中点击"新建"的下拉菜单，选择"新建正交轴网"，如图 2-17 所示，则会弹出轴网定义界面，并在"构件列表"中出现"轴网 -1"。

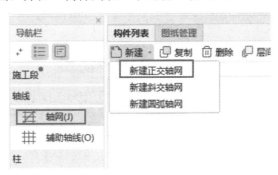

图 2-17 新建正交轴网

2. 添加轴网的"开间"和"进深"

选取一张轴网最全的图纸作为绘制的标准，在本工程中，可使用附图 5 "结施 -11, 2.95 标高层结构平面施工图"。根据图纸可以看出，该轴网为正交轴网，轴网纵向共 9 根轴线，间距分别为 3300、3600、3600、3600、3600、3600、3600、3300，横向共 6 根轴线，间距分别为 1500、4500、1800、3500、1500。

1）下开间轴网定义

选择"下开间"，在"常用值"下面的列表中选择要输入的轴距，双击鼠标即添加到轴距中；或者在"添加"按钮下的输入框中输入相应的轴网间距，单击"添加"按钮或回车即可。按照图纸从左到右的顺序，"下开间"依次输入 3300、3600、3600、3600、3600、3600、3600、3300，如图 2-18 所示。因为上、下开间轴距相同，所以上开间可以不输入轴距。

图 2-18　下开间轴网定义

2）左进深轴网定义

切换到"左进深"的输入界面，按照图纸从下到上的顺序，依次输入 1500、4500、1800、3500、1500，修改轴号分别为 A、1/A、B、C、1/C、D，如图 2-19 所示。因为左、右进深轴距相同，所以右进深可以不输入轴距。

可以看到，右侧的轴网图显示区域已经显示了定义的轴网，轴网定义完成。

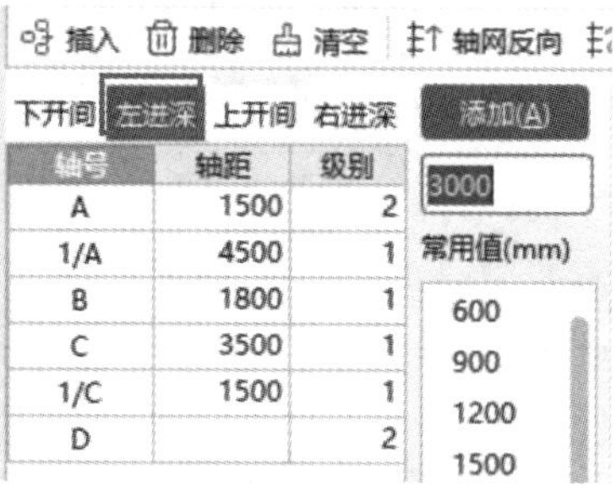

图 2-19　左进深轴网定义

3.轴网的绘制

1）绘制轴网

轴网定义完毕后，关闭"定义"窗口，切换到绘图界面，弹出"请输入角度"对话框，如图 2-20 所示，提示用户输入定义轴网需要旋转的角度。本工程轴网为水平竖直方向的正交轴网，旋转角度按软件默认输入"0"即可。

图 2-20　轴网角度输入

2) 修改轴号位置

绘制完成的轴网默认显示下开间和左进深的轴号和轴距，如果需要显示上开间和右进深的轴号、轴距，则需要进行二次编辑。在"建模"选项卡下的"轴网二次编辑"面板中，点击"修改轴号位置"，如图 2-21 所示。按住鼠标左键拉框选择所有轴线，单击鼠标右键确定，在弹出的"修改轴号位置"窗口中，选择"两端标注"后，点击"确定"按钮即可，如图 2-22 所示。修改完成后，轴网的四周都会显示标注，如图 2-23 所示。轴线的标注显示可以根据要求，按照以上操作修改。

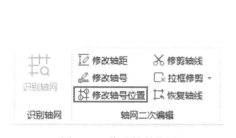

图 2-21 修改轴号位置

图 2-22 两端标注

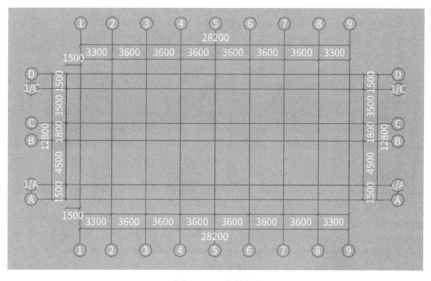

图 2-23 主轴网

3) 轴网的其他功能

(1) 辅助轴线。软件提供了辅助轴线用于构件辅轴定位。辅轴在任意图层都可以直接添加。辅轴主要有两点、平行、点角、圆弧等。以添加附图 4 "结施 -07" 中 "2.95 标高层梁平法施工图"的 1 轴左侧辅助线为例，在"建模"选项卡下的"通用操作"面板中，点击"两点辅轴"，在下拉菜单中选择"平行辅轴"，如图 2-24 所示。点击基准轴线 1 轴，在弹出的窗口中"偏移距离"输入"-1500"(注意：向上向右偏移时输入正值，向左向下偏移时输入负值)，"轴号"输入辅助轴号 (也可以不填，本工程辅轴无编号)，点击"确定"

按钮即可，如图 2-25 所示，完成后如图 2-26 所示。

图 2-24　平行辅轴　　　　　　　　　图 2-25　轴距偏移

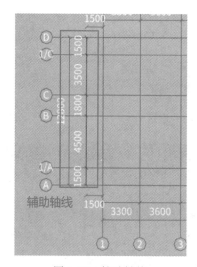

图 2-26　辅助轴线

(2) 设置插入点。"设置插入点"用于轴网拼接，可以任意设置插入点 (不在轴线交点处或在整个轴网外都可以设置)。双击"轴网 -1"进入定义界面，点击"设置插入点"命令，可任意选择一点为插入点，如图 2-27 所示。

图 2-27　设置插入点

(3) 修改轴号和轴距。当检查到已经绘制的轴网有错误时，可以直接进行修改。在"建模"选项卡下的"轴网二次编辑"面板中，点击"修改轴距"命令，单击鼠标左键选择轴

线，在弹出的"请输入轴距"对话框中，输入选中轴线与上一轴线的正确距离，点击"确定"按钮，如图 2-28 所示。点击"修改轴号"命令，单击鼠标左键选择轴线，在弹出的"请输入轴号"对话框中，输入选中轴线的正确轴号，点击"确定"按钮，如图 2-29 所示。

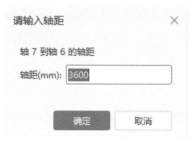

图 2-28　修改轴距　　　　　　　　图 2-29　修改轴号

 知识拓展

在 BIM 算量建模中，轴网是一个非常重要的构件，主要作用是确定后续图元位置关系，虽然不计算工程量，但对整个工程量的计算准确性起到关键作用，需要准确定义和绘制。

对于平面复杂的工程，新建和绘制轴网时还可能需要确定轴网的旋转角度、轴网拼接、轴网序号重新定义等操作。

当上、下开间或者左、右进深轴距不一样时（即错轴），可以使用轴号自动生成功能将轴号排序。

较常用的建立辅助轴线的功能：二点辅轴（直接选择两个点绘制辅助轴线）、平行辅轴（建立平行于任意一条轴线的辅助轴线）、圆弧辅轴（可以通过选择 3 个点绘制辅助轴线）。

▶▶ ⊙【课后练习】···

判断题

1. 通常以阿拉伯数字的横向轴线编号确定左、右进深尺寸。　　　　　（　　）

2. 直线辅助轴线的绘制也可采用平行辅轴命令。　　　　　　　　　　（　　）

3. 新建楼层时首层顶标高应该与二层底标高一致。　　　　　　　　　（　　）

4. 轴网定义完成后关闭"构件定义"对话框进入绘图界面时，需要输入轴网旋转的角。
　　　　　　　　　　　　　　　　　　　　　　　　　　　　　　　（　　）

5. 在建筑施工图、结构施工图中不同平面图的轴网完全相同。　　　　（　　）

第 3 章　结构工程量的计算

知识目标

1. 掌握柱、梁、板、楼梯、基础等构件的图纸识读；
2. 掌握柱、梁、板、楼梯、基础等构件的平法基本知识；
3. 掌握柱、梁、板、楼梯、基础等构件的清单计算规则。

能力目标

1. 通过图纸识读了解图纸信息；
2. 绘制柱、梁、板、楼梯、基础等构件的三维算量模型；
3. 汇总柱、梁、板、楼梯、基础等构件的钢筋和混凝土工程量。

职业道德与素质目标

1. 勤奋、独立，能够公正、准确地运用计量依据、标准规定；
2. 具备诚实守信、坚守原则的职业素养。

 任务四　柱的工程量计算

任务说明

根据《宿舍楼施工图》，首层框架柱结构布置见附图 2 "结施 -04，柱墙结构平面图"。

要求在规定时间内，在广联达 BIM 土建计量平台 GTJ2021 软件中完成首层柱模型建立工作，并得到首层框架柱的混凝土及钢筋清单工程量。

任务分析

1. 准备资料

全套施工图、《房屋建筑与装饰工程工程量计算规范》GB 50584—2013、《混凝土结构施工图平面整体表示方法制图规则和构造详图》(16G101-1)、广联达 BIM 土建计量平台 GTJ2021 等。

2. 分析任务

1) 图纸识读

通过识读施工图附图 3 "结施 -06"，本工程以框架柱为主，根据柱表可得到柱的截面信息。首层框架柱基本信息如表 3-1 所示。

表 3-1　首层框架柱表

类型	名称	混凝土强度等级	截面尺寸/mm	标高	角筋	B 每侧中配筋	H 每侧中配筋	箍筋类型号	箍筋
矩形框架柱	KZ-1	C35	500×550	基顶~+2.95	4C25	2C20	4C25	1.(4×4)	C8@100
	KZ-2	C35	500×550	基顶~+2.95	4C25	4C25	2C25+2C22	1.(4×4)	C8@100
	KZ-3	C35	500×550	基顶~+2.95	4C25	2C25	4C25	1.(4×4)	C8@100
	KZ-4	C35	500×550	基顶~+2.95	4C25	1C25+2C22	2C25+2C22	1.(3×4)	C8@100/150
	KZ-5	C35	500×600	基顶~+2.95				1.(4×4)	C8@100
	KZ-6	C35	500×550	基顶~+2.95	4C25	1C25+2C20	2C25+2C22	1.(4×4)	C8@100
	KZ-7	C35	500×550	基顶~+2.95	4C25	3C25	2C25	1.(4×4)	C8@100
	KZ-8	C35	500×600	基顶~+2.95	4C25	5C25	4C25	1.(4×4)	C10@100/200
	KZ-9	C35	500×550	基顶~+2.95	4C25	2C25	1C25+2C20	1.(4×3)	C8@100/200
	KZ-10	C35	500×550	基顶~+2.95	4C25	2C20	4C25	1.(4×4)	C8@100
	KZ-11	C35	500×550	基顶~+2.95	4C25	4C25	2C25+2C22	1.(4×4)	C8@100
	KZ-12	C35	500×550	基顶~+2.95	4C25	2C25	4C25	1.(4×4)	C8@100

2) 现浇混凝土柱基础知识

(1) 柱的清单计算规则。现浇混凝土柱的清单计算规则如表 3-2 所示。

表 3-2   现浇混凝土柱的清单计算规则

编号	项目名称	单位	计 算 规 则
010502001	矩形柱	m³	按设计图示尺寸以体积计算。 柱高： 1. 有梁板的柱高，应自柱基上表面（或楼板上表面）至上一层楼板上表面之间的高度计算
010502002	构造柱	m³	2. 无梁板的柱高，应自柱基上表面（或楼板上表面）至柱帽下表面之间的高度计算 3. 框架柱的柱高，应自柱基上表面至柱顶高度计算 4. 构造柱按全高计算，嵌接墙体部分（马牙槎）并入柱身体积
010502003	异形柱	m³	5. 依附柱上的牛腿和升板的柱帽，并入柱身体积计算
010515001	现浇构件钢筋	t	按设计图示钢筋（网）长度（面积）乘单位理论质量计算

(2) 柱的平法知识。柱类型有框架柱、框支柱、芯柱、梁上柱、剪力墙柱等。从形状上可分为圆形柱、矩形柱、异形柱等。柱钢筋的平法表示有两种：一是列表注写方式；二是截面注写方式。

① 列表注写：在柱表中注写柱编号、柱段起始标高、几何尺寸（含柱截面对轴线的偏心情况）、配筋信息、箍筋信息，如表 3-3 所示。箍筋类型如图 3-1 所示。

表 3-3   柱   表

柱号	标高	截面尺寸/mm	角筋	B 每侧中配筋	h 每侧中配筋	箍筋类型号	箍筋
KZ1	基顶～+2.95	500×550	4C25	2C20	4C25	1.(4×4)	C8@100
	2.95～+5.95	500×550	4C25	2C25	2C20	1.(4×4)	C8@100
	5.95～+8.95	500×550	4C22	2C22	2C18	1.(4×4)	C8@100
	8.95～+11.95	500×550	4C25	2C20	2C20	1.(4×4)	C8@100

图 3-1   箍筋类型

② 截面注写：在同一编号的柱中选择一个截面，以直接注写截面尺寸和柱纵筋及箍筋信息的方式来表达柱平法施工图，如图 3-2 所示。

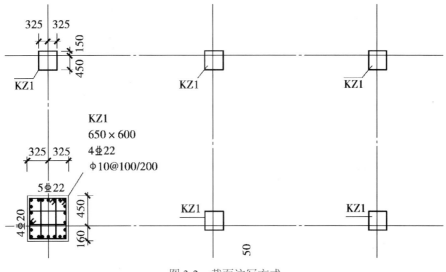

图 3-2　截面注写方式

任务实施

柱的新建及绘制基本流程：新建柱并定义属性→做法套用→绘制柱→修改柱→汇总计算并查看工程量。

对柱构件建模，需要切换到"建模"选项卡下，在左侧"导航栏"中点击"柱"→"柱"，如图 3-3 所示。

图 3-3　柱

1. 柱的新建

1) 矩形框架柱

在"构件列表"中点击"新建"→"新建矩形柱",如图3-4所示。以首层1轴交A轴的框架柱KZ-1为例,根据表3-1中KZ-1的信息,在"属性列表"中输入相应的属性值,框架柱的属性定义如图3-5所示。

图3-4　新建矩形柱

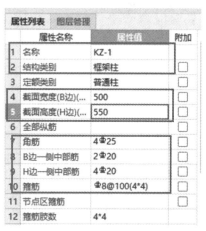

图3-5　框架柱KZ-1属性

> **小提示**
>
> 　　全部纵筋:表示柱截面内所有的纵筋,如24C28。若纵筋有不同的级别和直径,则使用"+"连接,如4C28+16C22,本工程KZ-1的全部纵筋值设置为空,采用角筋、B边一侧中部筋和H边一侧中部筋详细描述。
>
> 　　角筋:只有当全部纵筋属性值为空时才可输入,根据该工程图纸附图3"结施-6"的柱表知KZ-1的角筋为4C25。
>
> 　　B边一侧中部筋:只有当柱全部纵筋属性值为空时才可输入,KZ-1的B边一侧中部筋为2C20。
>
> 　　H边一侧中部筋:只有当柱全部纵筋属性值为空时才可输入,KZ-1的H边一侧中部筋为4C25。
>
> 　　箍筋:常用的箍筋输入格式有两种,一种为级别+直径+@+间距+肢数,加密间距和非加密间距用"/"分开,加密间距在前,非加密间距在后;另一种为数量+级别+直径+肢数,肢数不输入时按肢数属性中的数据计算。KZ-1的箍筋为C8@100(4×4)。

2) 异形柱

图3-6中的异形柱GBZ1还可以采用新建异形柱的方式编辑。在"构件列表"中点击"新建"→"新建异形柱",在弹出的"异形截面编辑器"中绘制线式异形截面,点击"确认"按钮后,显示"属性列表"。在"属性列表"中可以修改全部纵筋信息,也可以点击"属

性列表"下方的"截面编辑"命令，在弹出的"截面编辑"窗口中修改钢筋信息，如图3-7所示。

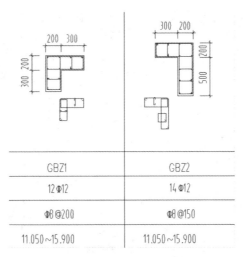

图3-6 异形柱

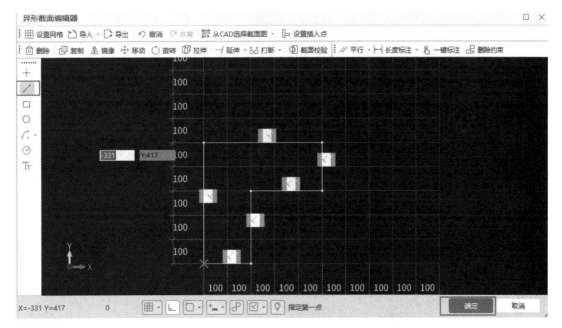

图3-7 新建异形柱

3) 参数化柱

本工程柱类型，无异形柱，这里以图3-6异形柱GBZ1为例。在"构件列表"中点击"新建"→"新建参数化柱"，在弹出的"选择参数化图形"对话框中，设置截面类型与具体尺寸，如图3-8所示。点击"确认"按钮后显示"属性列表"。在"属性列表"中可以修改全部纵筋信息，也可以点击"属性列表"下方的"截面编辑"命令，在弹出的"截面编辑"窗口中修改钢筋信息，如图3-9所示。

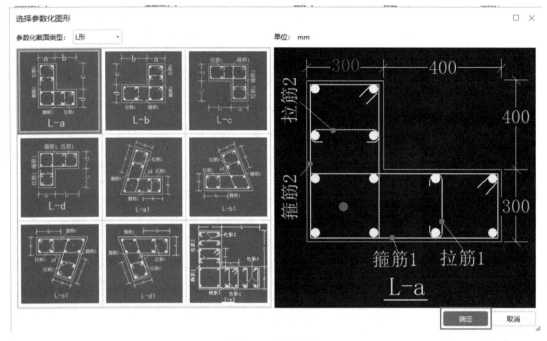

图 3-8　参数化柱

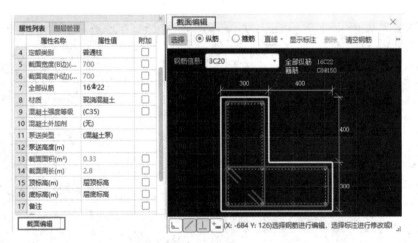

图 3-9　柱截面编辑

2. 柱表的清单做法套用

定义好柱构件后，需要进行套用做法操作。套用做法是指构件按照计算规则计算汇总出做法工程量，方便进行同类项汇总，同时与计价软件数据对接。构件套用做法，可手动添加清单定额、查询清单定额库添加、查询匹配清单定额添加实现。首先双击"构件列表"中任意构件，在弹出的"定义"界面中点击"构件做法"命令，可通过查询清单库的方式添加清单，如图 3-10 所示。KZ-1 模板的清单项目编码为 011702002，完善后 3 位编码为 011702002001。通过查询定额库可以添加定额，正确选择对应定额项，KZ-1 的做法套用如图 3-11 所示。

图 3-10 构件做法命令

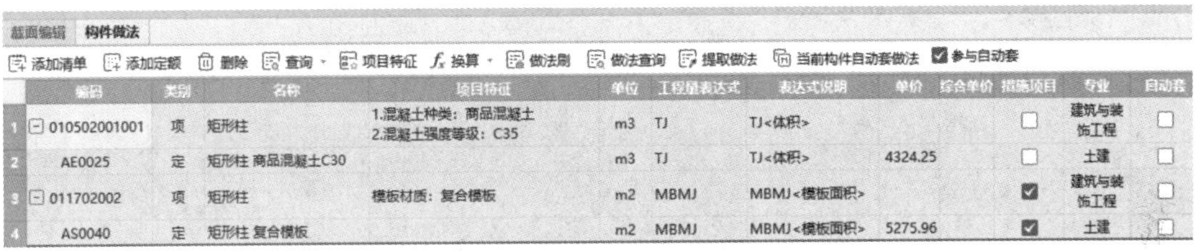

图 3-11 矩形柱清单套用

在 KZ-1 已套用清单的状态下，首先点击左上角空白处，选中所有清单；其次点击
"做法刷"命令，如图 3-12 所示。在弹出的窗口中点击"柱"的复选框，选择所有框架
柱和梯柱，点击"确定"按钮，如图 3-13 所示，即可将所有框架柱和梯柱快速套用"矩
形柱"清单。

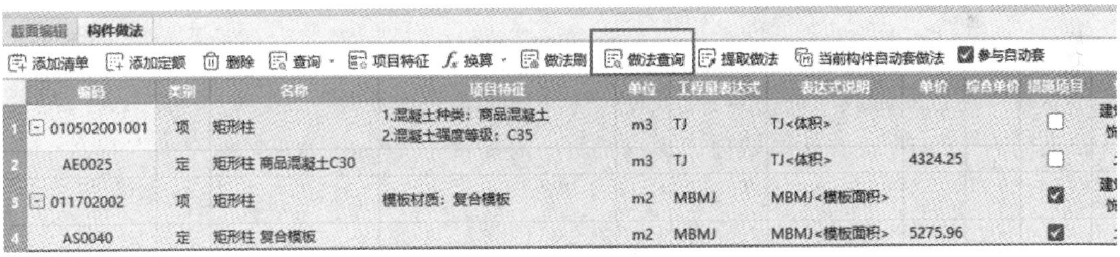

图 3-12 做法刷命令

图 3-13 快速套用清单做法

3. 柱的绘制

柱的绘制方式主要有 4 种命令：点、偏移、智能布置和镜像。

1) 点绘制

若柱位于轴线与轴线的交点时，可采用"点"命令绘制柱。通过"构件列表"选择要绘制的构件 KZ-1，这时默认绘制命令为"绘图"面板中的"点"命令，用鼠标捕捉 1 轴与 A 轴的交点，直接单击鼠标左键，就可完成柱 KZ-1 的绘制，如图 3-14 所示。

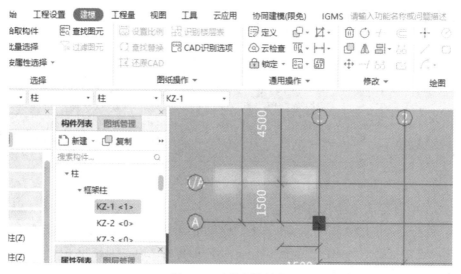

图 3-14　点绘制柱构件

2) 偏移绘制

若柱不是位于轴线与轴线的交点时，可采用"偏移"命令绘制柱。如首层 1 轴上，C～D 轴之间的 TZ-1 不能直接用鼠标选择点绘制，需要使用"Shift 键 + 鼠标左键"相对于基准点偏移绘制。首先在"构件列表"中选择 TZ-1，然后把鼠标放在 1 轴和 D 轴的交点处，同时按下键盘上的"Shift"键和鼠标左键，弹出"输入偏移量"对话框。由附图 6"结施 -14"图纸可知，TZ-1 的中心相对于 1 轴与 D 轴交点向下偏移 1500 mm，在对话框中输入 X＝"0"，Y＝"-1500"，表示水平方向偏移量为 0 mm，竖直方向向下偏移 1500 mm，如图 3-15 所示。点击"确定"按钮，TZ-1 就偏移到了指定位置，如图 3-16 所示。

图 3-15　偏移命令

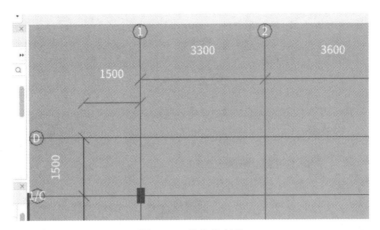

图 3-16　偏移绘制柱

3) 智能布置

当图中某区域轴线相交处的柱都相同时，可采用"柱二次编辑"面板中的"智能布置"命令绘制柱。如附图 3 "结施 -06" 中，4 轴、6 轴与 D 轴的 2 个交点处都为 KZ-9，即可利用此功能快速布置。首先在"构件列表"中选择 KZ-9，在"柱二次编辑"面板中点击"智能布置"下拉菜单，选择按"轴线布置"，如图 3-17 所示。然后在图框中框选要布置柱的范围，单击鼠标右键确定，则软件自动在所有范围内所有轴线相交处布置上 KZ-9，如图 3-18 所示。

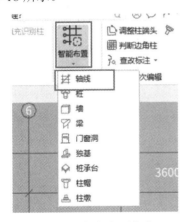

图 3-17　智能布置命令

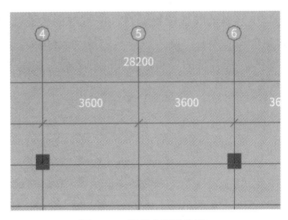

图 3-18　智能布置绘制柱

4) 镜像布置

若图纸中有柱子处于对称位置，可采用"修改"面板中的"镜像"命令绘制柱。首层 2～4 轴的柱和 6～8 轴的柱是对称的，则可先绘制 2～4 轴的柱，然后框选 2～4 轴的柱，点击"镜像"命令，移动鼠标，捕捉 4 轴与 6 轴的中点，当看见 D 轴上、4～6 轴之间出现黄色的"△"符号，点击此三角形，将鼠标继续下移，可以看到 A 轴上、4～6 轴之间再次出现一个黄色的三角形，如图 3-19 所示，点击此三角形，软件弹出"是否要删除原来的图元"的提示，选择"否"，2～8 轴的柱全部布置成功。

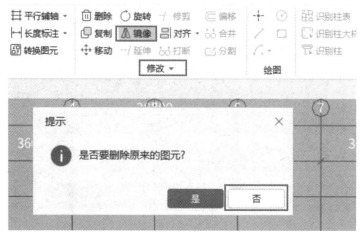

图 3-19　镜像布置柱

4. 柱的修改

框架柱主要使用"点"命令进行绘制，也可以使用"偏移"命令辅助"点"绘制。如果图纸中有相对轴线偏心的柱子，还可以利用"查改标注"和"对齐"命令来调整柱子的位置。

1) 查改标注

选中图元 KZ-1，点击"柱二次编辑"面板中"查改标注"命令，如图 3-20 所示。点击柱四周的绿色数据，修改尺寸。回车依次按照图纸信息修改标注信息，全部修改后用鼠标左键单击屏幕的其他位置即可，单击鼠标右键结束命令，如图 3-21 所示。如果需要批量修改多个柱的偏心，则可点击"批量查改标注"命令，框选所有相同偏心的柱，单击鼠标右键确认，在弹出的窗口输入相应的数据，如图 3-22 所示，即可完成批量调整。

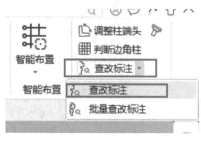

图 3-20　查改标注命令

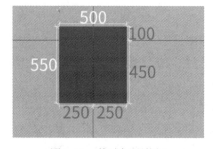

图 3-21　修改标注数据

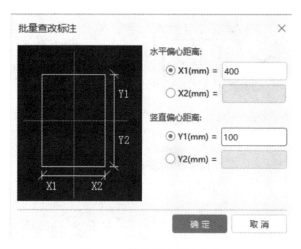

图 3-22　批量查改标注命令

2) 对齐

此方法针对柱边平齐的多个偏心柱。首先调整目标柱的偏心，如图 3-23 所示，首层 1 轴与 A 轴交点处的 KZ-1 的偏心已调整完毕，则点击"修改"面板中的"对齐"命令，选择 KZ-1 的下边线，选择 A 轴与 2 轴交点处的 KZ-4 的下边线，即可完成 KZ-4 的下边线与 KZ-1 的下边线对齐。

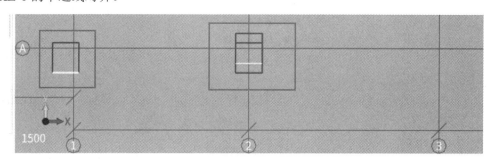

图 3-23　对齐命令

5. 汇总计算

点击"工程量"选项卡，在"汇总"面板中点击"汇总计算"命令，如图 3-24 所示。在弹出的"汇总计算"窗口中勾选首层柱，点击"确定"按钮，完成后在"报表"面板中点击"查看报表"命令，如图 3-25 所示。

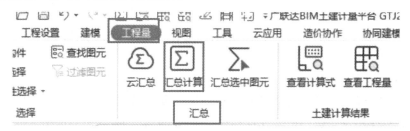

图 3-24　汇总计算命令

图 3-25　查看报表命令

1) 柱土建工程量

在弹出的"报表"窗口依次点击"土建报量表"→"做法汇总分析"→"清单汇总表"，如图 3-26 所示，首层框架柱及梯柱的清单工程量如表 3-4 所示。

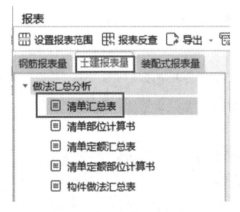

图 3-26　清单汇总表

表 3-4　柱清单汇总表

序　号	编　码	项目名称	单　位	工程量
实 体 项 目				
1	010502001001	矩形柱 1.混凝土种类：商品混凝土 2.混凝土强度等级：C35	m³	15.63
措 施 项 目				
1	011702002001	矩形柱 模板材质：复合模板	m²	109.94

2) 柱钢筋工程量

在弹出的"报表"窗口，依次点击"钢筋报表量"→"明细表"→"构件汇总信息明细表"，如图 3-27 所示，首层框架柱及梯柱的钢筋工程量如表 3-5 所示。

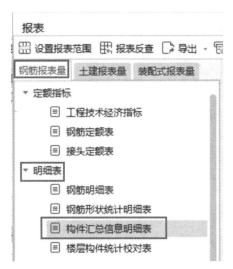

图 3-27　钢筋汇总明细表

表 3-5　柱钢筋工程量汇总表

汇总信息	汇总信息钢筋总重 /kg	构件名称	构件数量	HRB400
柱	4768.386	KZ-1	1	233.614
		KZ-2	1	240.296
		KZ-3	1	285.502
		KZ-4	2	250.038
		KZ-5	2	473.422
		KZ-6	2	584.268
		KZ-7	2	485.582
		KZ-8	2	447.502
		KZ-9	2	651.288
		KZ-10	1	362.972
		KZ-11	1	228.53
		KZ-12	1	280.418
		TZ-1	4	121.736

知识拓展

1. 转换图元

如果需要把一个已经绘制完成的图元的名称替换成另一个名称，例如要把 KZ-4 修改为 KZ-1，除了删除后重新绘制外，还可以使用"转换图元"功能。选中图元 KZ-4，单击鼠标右键，在出现的菜单中选择"转换图元"，则会弹出"转换图元"对话框，如图 3-28 所示。目标构件选中 KZ-1，点击"确定"按钮即可。

图 3-28　转换图元命令

2. 显示与隐藏柱图元及柱名称

(1) 在"视图"选项卡下的"用户界面"面板中点击"显示设置"命令，在弹出的窗口中选择"图元显示"，调整是否勾选柱的"显示图元"和"显示名称"，如图 3-29 所示。

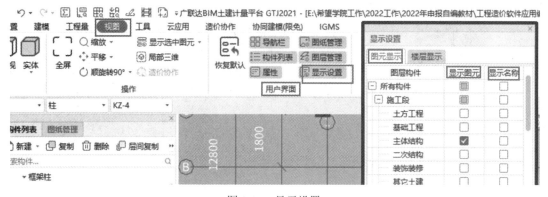

图 3-29　显示设置

(2) 通过快捷键来调整构件图元显示状态，如点击键盘"Z"键调整柱图元的显示状态，点击键盘"Shift + Z"组合键调整柱名称的显示状态。

▶▶ 🎧【课后练习】 ···

一、单项选择题

1. 若需要在软件中显示柱钢筋信息，可通过 (　　　) 命令。

A. Z

B. Shift + Z

C. 智能布置

D. 镜像

2. 一般情况下，梯柱套用的清单为（　　）。

A. 矩形柱　　　　　　　　　　B. 构造柱

C. 框架柱　　　　　　　　　　D. 梯柱

3. 下列不属于新建柱的命令是（　　）。

A. 新建参数化柱　　　　　　　B. 新建矩形柱

C. 新建异形柱　　　　　　　　D. 新建框架柱

二、多项选择题

1. 手工绘制柱的操作命令有（　　）。

A. 点　　　　　　　　　　　　B. 智能布置

C. 镜像　　　　　　　　　　　D. 矩形

E. 偏移

2. 若图纸中柱子存在偏心，可利用（　　）命令来调整柱位置。

A. 查改标注　　　　　　　　　B. 对齐

C. 偏移　　　　　　　　　　　D. 镜像

E. 旋转

任务五　梁的工程量计算

任务说明

根据《宿舍楼施工图》，首层框架梁结构布置见附图 4 "结施 -07，2.95 标高层梁平法施工图"。

要求在规定时间内，在广联达 BIM 土建计量平台 GTJ2021 软件中完成首层现浇混凝土梁的模型建立工作，并得到首层梁的混凝土及钢筋清单工程量。

任务分析

1. 准备资料

全套施工图、《房屋建筑与装饰工程工程量计算规范》GB 50584—2013、《混凝土结构施工图平面整体表示方法制图规则和构造详图》(16G101-1)、广联达 BIM 土建计量平台 GTJ2021 等。

2. 分析任务

1) 图纸识读

识读本工程图纸，根据附图 4 "结施 -07"，可知首层有框架梁和非框架梁两种类型。框架梁为 KL1～KL7，非框架梁为 L1～L9，主要信息如表 3-6 所示。

表 3-6 梁 表

序号	类型	名称	截面	上通长筋	下通长筋	侧面钢筋	箍筋	肢数
1	框架梁	KL1	300×800	2C22	5C22/2C18	G6C12	C8@100/200	2
		KL2	250×700	2C20	8C20	G4C12	C8@100	2
		KL3	250×700	2C22	4C22/4C20	G4C12	C8@100	2
		KL4	300×800	2C25	4C25/2C22	G6C12	C8@100/200	2
		KL5	300×700	2C25		G4C12	C8@100/200	2
		KL6	300×700	2C25	4C25/2C22		C8@100	2
		KL7	300×700	2C20	3C20 + 2C18	G6C12	C8@100/200	2
2	非框架梁	L1	200×400	2C14	3C14		C6@200	2
		L2	200×400	2C14	3C14		C6@200	2
		L3	250×650	2C20	2C20 + 2C18	G4C12	C6@200	2
		L4	250×650	2C18	2C20 + 2C18	G4C12	C6@200	2
		L5	200×500	2C18	3C16		C6@200	2
		L6	250×500	2C18	3C16		C6@200	2
		L7	200×400	3C16	3C16		C6@200	2
		L8	200×400	3C16	3C16		C6@100	2
		L9	200×500	2C18	3C16		C6@200	2

2) 现浇混凝土梁基础知识

(1) 梁的清单计算规则。现浇混凝土梁的清单计算规则如表 3-7 所示。

表 3-7 现浇混凝土梁的清单计算规则

编号	项目名称	单位	计 算 规 则
010503002	矩形梁	m^3	按设计图示尺寸以体积计算。伸入墙内的梁头、梁垫并入梁体积内。 梁长： 1. 梁与柱连接时，梁长算至柱侧面 2. 主梁与次梁连接时，次梁长算至主梁侧面
011702006	矩形梁（模板）	m^2	按模板与现浇混凝土构件的接触面积计算
010505001	有梁板	m^3	按设计图示尺寸以体积计算，有梁板（包括主梁、次梁与板）按梁、板体积之和计算
011702014	有梁板（模板）	m^2	按模板与现浇混凝土构件的接触面积计算

(2) 梁的平法知识。梁类型有楼层框架梁、屋面框架梁、框支梁、非框架梁、悬挑梁等。梁平面布置图上采用平面注写方式或截面注写方式表达。

① 平面注写：在梁平面布置图上，分别在不同编号的梁中各选一根梁，在其上以注写截面尺寸和配筋具体数值的方式来表达梁平法施工图，如图 3-30 所示。平面注写包括集中标注与原位标注，集中标注表达梁的通用数值，原位标注表达梁的特殊数值。当集中标注

中的某项数值不适用于梁的某部位时，则将该项数值原位标注。施工时，原位标注取值优先。

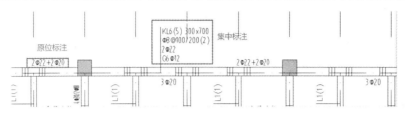

图 3-30　集中标注和原位标注示意

② 截面注写：在分标准层绘制的梁平面布置图上，分别在不同编号的梁中各选一根梁用剖面号引出配筋图，并在其上以注写截面尺寸和配筋具体数值的方式来表达梁平法施工图，如图 3-31 所示。

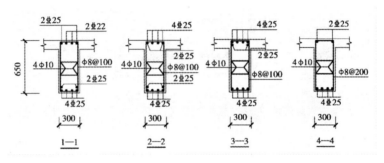

图 3-31　截面注写梁钢筋

③ 框架梁钢筋类型、软件输入方式及说明如表 3-8 所示。

表 3-8　框架梁钢筋类型及软件输入方式

序号	输入格式	说　　明
1	4C16 或 2C22 + 2C25	数量 + 级别 + 直径，有不同的钢筋信息用 "+" 连接
2	4C16 2/2 或 4C14/3C18	当存在多排钢筋时，使用 "/" 将各排钢筋自上而下分开
3	6C14(-2)/4	当存在多排钢筋时，使用 "/" 将各排钢筋自上而下分开 当有下部钢筋不全部伸入支座时，将不伸入的数量用 (- 数量) 的形式来表示
4	4C16 + (2C18)	当有架立筋时，架立筋信息输入在加号后面的括号中
5	C8@100/200(4)	级别 + 直径 + @ + 间距 + 肢数，加密间距和非加密间距用 "/" 分开，加密间距在前，非加密间距在后
6	4C16-2500	数量 + 级别 + 直径 + 长度，长度表示支座筋伸入跨内的长度。此种输入格式主要用于处理支座筋指定伸入跨内长度的设计方式
7	4C16 2/2-1500/2000	数量 + 级别 + 直径 + 数量 / 数量 + 长度 / 长度。该输入格式表示：第一排支座筋 2C16，伸入跨内 1500，第二排支座筋 2C16 伸入跨内 2000
8	2-4C16	图号 - 数量 + 级别 + 直径，图号为悬挑梁弯起钢筋图号
9	G4C12 或 N4C12	G 或 N + 数量 + 级别 + 直径

任务实施

梁的新建及绘制基本流程：新建梁并定义属性→做法套用→绘制梁→梁的二次编辑→汇总计算并查看工程量。

对梁构件建模，需要切换到"建模"选项卡下，在左侧"导航栏"中点击"梁"→"梁"，如图 3-32 所示。

图 3-32　梁

1. 梁的新建

1) 矩形框架梁

在"构件列表"中点击"新建"下拉菜单，选择"新建矩形梁"，如图 3-33 所示。以首层 D 轴的框架梁 KL7 为例，根据表 3-6 中 KL1 的信息，在"属性列表"中输入相应的属性值，框架梁的属性定义如图 3-34 所示。

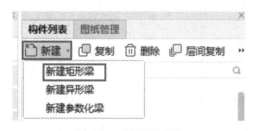

图 3-33　新建矩形梁

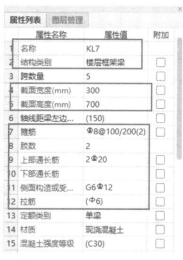

图 3-34　框架梁 KL7 属性

小提示

结构类别会根据构件名称中的字母自动生成，也可根据实际情况进行选择，梁的类别下拉框选项中有 7 类，按照实际情况，此处选择"楼层框架梁"，如图 3-35 所示。

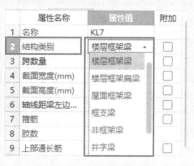

图 3-35　梁结构类别选择

(1) 跨数量：梁的跨数量，直接输入 5。没有输入的情况下，提取梁跨后会自动读取。

(2) 箍筋：KL7(5) 的箍筋信息为 C8@100/200(2)。

(3) 肢数：通过点击 3 点按钮可以选择肢数类型，KL7(5) 为 2 肢箍。

(4) 上部通长筋：根据图纸集中标注，KL7(5) 的上部通长筋为 2C20。

(5) 下部通长筋：根据图纸集中标注，KL7(5) 无下部通长筋。

(6) 侧面构造或受到扭筋 (总配筋值)：格式 (G 或 N) 数量＋级别＋直径，其中 G 表示构造钢筋，N 表示抗扭构造筋，根据图纸集中标注，KL7(5) 有构造钢筋 6 根＋三级钢＋20 的直径 (G6C20)。

(7) 拉筋：当有侧面纵筋时，软件按"计算设置"中的设置自动计算拉筋信息。当前构件需要特殊处理时，可根据实际情况输入。

2) 非框架梁

非框架梁的属性定义同矩形框架梁，对于非框架梁，在定义时，需要在属性的"结构类别"中选择相应的类别，如"非框架梁"，其他属性与矩形框架梁的输入方式一致，如图 3-36 所示。

图 3-36   非框架梁属性修改

2. 梁的清单做法套用

梁构件新建完成后，需要进行套用做法操作，具体操作方法与柱做法套用一致。框架梁和非框架梁的混凝土清单如图 3-37 所示。

	编号	类别	名称	项目特征	单位	工程量表达式	表达式说明	单价	综合单价	措施项目	专业
1	⊟ 011702006	项	矩形梁（模板）	材质：复合模板	m2	MBMJ	MBMJ<模板面积>			☑	建筑与装饰工程
2	AS0044	定	矩形梁 复合模板		m2	MBMJ	MBMJ<模板面积>	5077.37		☑	土建
3	⊟ 010505001	项	有梁板		m3	TJ	TJ<体积>			☐	建筑与装饰工程
4	AE0062	定	有梁板 商品混凝土C30		m3	TJ	TJ<体积>	4211.81		☐	土建

图 3-37   "梁"清单套用

3. 梁的绘制

在绘制梁时，一般要先画主梁再画次梁。通常，画梁时按照先上后下、先左后右的顺序，以保证不会遗漏，能够全部计算所有梁。梁的绘制一般有 5 种命令：直线、智能布置、对齐、镜像和偏移。

1) 直线

梁是线状构件，直线形的梁采用"直线"绘制的方法比较简单，如 KL7。在"构件列表"中选择 KL7，再在"绘图"面板点击"直线"命令，单击梁的起点 1 轴与 D 轴的交点、终点 8 轴与 D 轴的交点，最后单击鼠标右键确定即可。本工程中 KL1～KL7 都可采用直线绘制。若梁是悬挑梁，如 L7，首先在"构件列表"中选择 L7，再在"绘图"面板点击"直线"命令，并点击"点加长度"前的复选框，在长度中输入 3300，在反向长度中输入 1500，同时单击 1 轴与 C 轴的交点和"Shift"键，在弹出的窗口中输入"X = 0，Y = 1820"，并点击"确定"按钮，将鼠标放到 2 轴上，出现黄色正交图标，如图 3-38 所示，

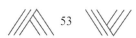

单击鼠标左键确定终点，最后单击鼠标右键确定，即可完成 L7 的绘制。

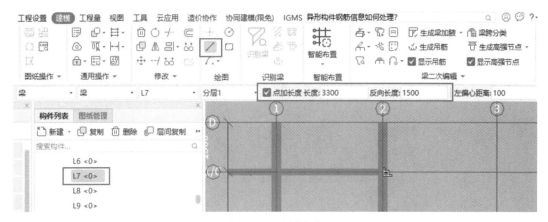

图 3-38　直线命令

2) 智能布置

若梁在轴线上，可采用"智能布置"命令完成绘制。如首层 A 轴上的 KL5，首先在"构件列表"中选择 KL5，然后点击"智能布置"的下拉菜单，选择"轴线"，最后点选相应的轴线即 A 轴，即可完成此轴线上 KL5 的绘制，如图 3-39 所示。

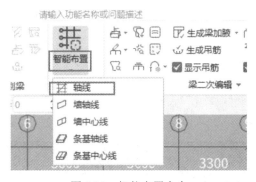

图 3-39　智能布置命令

3) 对齐

梁按照"直线"命令或者"智能布置"命令绘制时，默认为居中绘制，而实际上，梁中心与轴线一般都存在偏心，通常都与框架柱一侧平齐，如 KL7 与 D 轴上柱内侧边平齐，因此，可利用"修改"面板中的"对齐"命令进行修改，如图 3-40 所示。点击"修改"面板中的"对齐"命令，先点选 D 轴上任意柱的内侧边线，再点选梁内侧的边线，则对齐成功。

图 3-40　对齐命令

4) 镜像

若图纸中有梁处于对称位置，则可采用"修改"面板中的"镜像"命令完成绘制。如首层 KL2、KL3、L3 是左右对称的，则可先绘制左侧的梁，然后框选绘制完成的梁，点击"镜像"命令，因左、右两侧根据 5 轴对称，直接点击 A 轴与 5 轴交点，再点击 D 轴与 5 轴交点，如图 3-41 所示，软件弹出"是否要删除原来的图元"的窗口，选择"否"，右侧的梁全部布置成功。

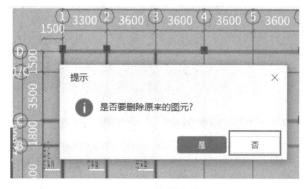

图 3-41　镜像命令

5) 偏移

若梁端点不在轴线的交点或其他捕捉点上，则可采用"偏移"命令完成绘制，即"Shift +左键"的方法。如 KL6，两个端点分别是 1 轴与 C 轴交点偏移"X = -1500，Y = 0"、9 轴交 C 轴交点偏移"X = 1500，Y = 0"。在绘制时，将鼠标放在轴线的交点，同时按下"Shift +左键"，在弹出的"请输入偏移值"窗口中输入相应的数值，点击"确定"按钮，这样就选定了第 1 个端点，再采用同样的方法确定第 2 个端点，如图 3-42 所示。

图 3-42　偏移命令

4. 梁的二次编辑

1) 梁的原位标注

梁绘制完成后，只是对梁集中标注的信息进行了输入，还需要进行原位标注的输入。由于梁是以柱和墙为支座的，提取梁跨和原位标注之前，需要绘制好所有的支座。这时图中的梁显示为粉色，表示还没有进行梁跨提取和原位标注的输入，此时计算的梁钢筋工程量比实际工程量偏小，需进行原位标注，使颜色变绿后才能正确计算梁的钢筋工程量。软件中用粉色和绿色对梁进行区别，目的是提醒哪些梁还未进行原位标注，便于检查，防止出现忘记输入原位标注而影响最终结果的情况。

软件中一般有两种方法进行原位标注：一种是"原位标注"命令；另一种是"平法表格"命令，如图 3-43 所示。

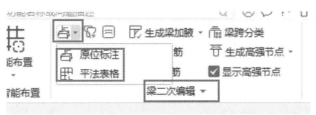

图 3-43　原位标注和平法表格命令

(1) 原位标注。梁的原位标注主要有支座钢筋、跨中钢筋、下部钢筋、架立钢筋和次梁加筋。另外，梁变截面尺寸也需要在原位标注中输入。下面以 D 轴 KL7 为例，介绍梁的原位标注输入。

在"梁二次编辑"面板中点击"原位标注"命令，鼠标左键单击选中要标注的梁 KL7，绘图区梁的四周会出现原位标注的输入框。按照图纸标注中 KL7 的原位标注信息按顺序输入，在"1 跨左支座筋"输入 5C20，如图 3-44 所示，然后按"Enter"键确定，跳到下一项"1 跨跨中筋"，此处输入 5C20，再次按"Enter"键，跳到下一个输入框，或者用鼠标选择下一个需要输入的位置"1 跨右支座筋"，此处没有原位标注信息，不用输入，可以直接按"Enter"键确定，跳到下一项，继续输入，直到此根梁所有原位标注输入完毕。

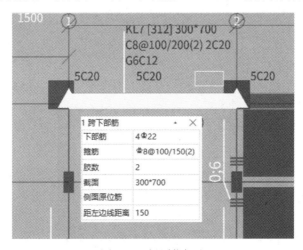

图 3-44　梁原位标注

(2) 平法表格。以梁 KL6 为例，介绍梁的平法表格输入。在"梁二次编辑"面板中点击"平法表格"命令，鼠标左键单击要标注的梁 KL6，绘图区下方会出现梁平法表格，如图 3-45 所示，可根据图纸信息在表格中输入钢筋数据。

图 3-45　梁平法表格

对于图纸中没有原位标注的梁,如一些次梁,可先点击"原位标注"命令,单击鼠标左键选择相应的梁,再单击鼠标右键,则可直接完成梁的提取。通过"梁二次编辑"面板中的"重提梁跨"命令也可直接完成梁的提取,如图 3-46 所示。

图 3-46　重提梁跨命令

2) 梁标注的快速复制功能

分析附图 4 "结施-07",可以发现图中存在很多同名的梁(如 L1、KL2、KL3 等),都在多个地方存在。这时,不需要对每道梁进行原位标注,直接使用软件提供的几个复制功能即可快速对梁进行原位标注。

(1) 应用到同名梁。如果图纸中存在多个同名称的梁,且原位标注信息完全一致,就可采用"应用到同名梁"功能来快速地实现原位标注的输入。如附图 4 "结施-07"中,有 14 道 L2,需要快速输入所有梁的钢筋信息。只需对一道 L2 进行原位标注,然后运行"应用到同名梁"功能。

点击"原位标注"命令,单击鼠标左键选择任意 L2,再单击鼠标右键,完成此根梁的原位标注。在"梁二次编辑"面板中选择"应用到同名梁"命令,如图 3-47 所示。软件提供了三种运用方法,包括同名称未提取跨梁、同名称已提取跨梁和所有同名称梁,如图 3-48 所示,根据实际情况选用即可。点击"查看应用规则"可查看应用同名梁的规则。

① 同名称未提取跨梁:指未识别的梁,显示为浅红色,这些梁没有识别跨长和支座等信息。

② 同名称已提取跨梁:指已识别的梁,显示为绿色,这些梁已经识别了跨长和支座信息,但是原位标注没有输入。

③ 所有同名称梁：指不考虑梁是否已经识别。

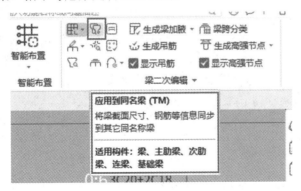

图 3-47　应用到同名梁命令

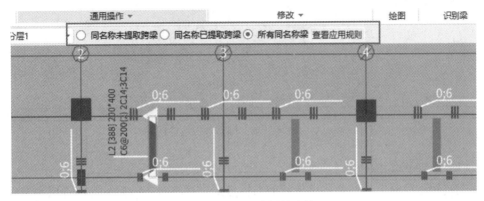

图 3-48　应用同名梁的方法

(2) 梁跨数据复制。工程中不同名称的梁，梁跨的原位标注信息相同，或同一道梁不同跨的原位标注信息相同，通过该功能可以将当前选中的梁跨数据复制到目标梁跨上。把某一跨的原位标注复制到另外的跨，还可以跨图元进行操作，即可以把当前图元的数据刷到其他图元上。复制的内容主要是钢筋信息。

例如 L6，其 0 跨的原位标注与 9 跨完全一致，这时可使用梁跨数据复制功能，将 0 跨的原位标注复制到相同标注的 9 跨中。

① 在"梁二次编辑"分组中选择"梁跨数据复制"，如图 3-49 所示。

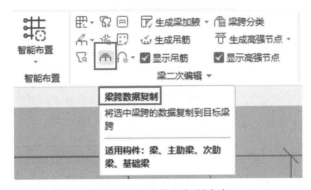

图 3-49　梁跨数据复制命令

② 在绘图区域选择需要复制的梁跨，单击鼠标右键结束选择，需要复制的梁跨选中后显示为红色，如图 3-50 所示。

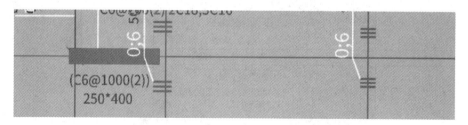

图 3-50　梁跨数据复制命令选择复制跨

③ 在绘图区域选择目标梁跨 (第 9 跨)，选中的梁跨显示为黄色，单击鼠标右键完成操作，如图 3-51 所示。

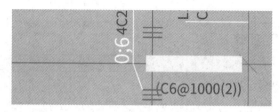

图 3-51　梁跨数据复制命令选择目标跨

5. 梁的吊筋和次梁加筋设置

在做实际工程时，吊筋和次梁加筋的布置方式一般都是在结构设计总说明中集中说明的，此时需要批量布置吊筋和次梁加筋。

本工程在结构设计总说明三，钢筋混凝土梁第三条 6.3 表示"主次梁相交处，在主梁上次梁两侧 (无论有无吊筋) 应各加 3 个附加箍筋，间距 50 mm，直径及肢数同主梁箍筋，悬挑梁与端部次梁 (边梁) 相交处于悬挑梁内设置附加箍筋，数量 3 根"。在附图 4 "结施 -07"中也对首层梁配筋图做了说明"未注明的吊筋为 2C12；未注明的附加箍筋为每边各 3Cd@50(d 同梁箍筋直径)"，所以需设置吊筋和次梁加筋。

在"梁二次编辑"中点击"生成吊筋"，如图 3-52 所示。次梁加筋也可以通过该功能实现。

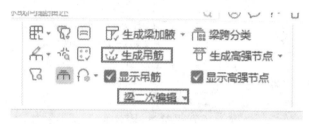

图 3-52　生成吊筋命令

在弹出的"生成吊筋"对话框中，根据图纸输入吊筋和次梁加筋的钢筋信息，如图 3-53 所示。设置完成后，点击"确定"按钮，然后在图中选择要生成次梁加筋的主梁 KL6 和 3、5、

7 轴的相应次梁,单击鼠标右键确定,即可完成吊筋和次梁加筋的生成。同时,除 KL6 以外,其余主梁与次梁相交处、次梁与次梁相交处都有次梁加筋,再次点击"生成吊筋",在弹出的对话框中输入次梁加筋的钢筋信息,生成方式为"选择楼层"→"首层",点击"确定"按钮,即可生成首层所有次梁加筋,如图 3-54 所示。

图 3-53　生成吊筋信息输入　　　　　图 3-54　按楼层生成吊筋

6. 汇总计算

1) 查看工程量

前面的"柱"部分没有涉及构件图元钢筋计算结果的查看,主要是因为竖向的构件在上下层没有绘制时,无法正确计算搭接和锚固,对于梁这类水平构件,本层相关图元绘制完成,就可以正确地计算钢筋量,并可以查看计算结果。首先,选择"工程量"选项卡下的"汇总计算",选择要计算的层进行钢筋量的计算,然后就可以选择已经计算过的构件进行计算结果的查看。

(1) 通过"编辑钢筋"查看每根钢筋的详细信息。在"工程量"选项卡下,选择"钢筋计算结果"面板中的"编辑钢筋"命令,如图 3-55 所示,下面以 KL7 为例进行说明。

钢筋显示顺序为按跨逐跨,图 3-56 所示的计算结果为:"筋号"说明是哪根钢筋;"图号"是软件对每一种钢筋形状的编号;"计算公式"和"公式描述"是对每根钢筋的计算过程进行的描述,方便查量和对量;"搭接"是指单根钢筋超过定尺长度之后所需要的接头长度和接头个数;"编辑钢筋"的列表还可以进行编辑,用户可根据需要对钢筋的信息进行修改,然后锁定该构件。

图 3-55　编辑钢筋命令

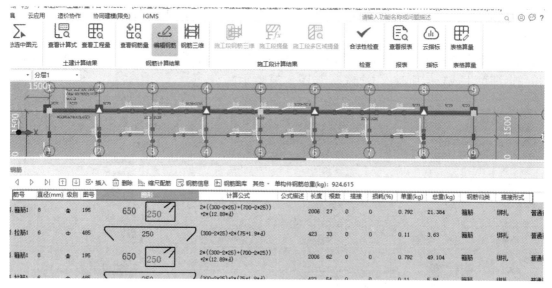

图 3-56 编辑钢筋查看钢筋信息

(2) 通过"查看钢筋量"来查看计算结果。在"工程量"选项卡下,点击"钢筋计算结果"面板中的"查看钢筋量"命令,拉框选择或者点选需要查看的图元。软件可以一次性显示多个图元的计算结果,如图 3-57 所示。图中显示构件的钢筋量,可按不同的钢筋类别和级别列出,并可对选择的多个图元的钢筋量进行合计。

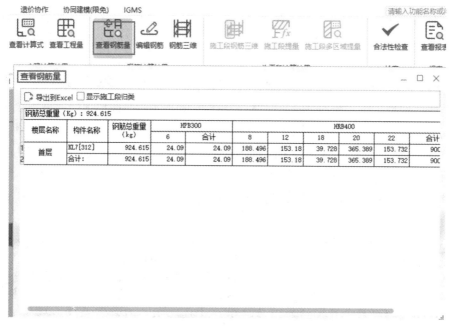

图 3-57 查看钢筋工程量

2) 梁土建工程量

首层框架梁和非框架梁的混凝土清单工程量如表 3-9 所示。

表 3-9　梁清单汇总表

序　号	编　码	项目名称	单　位	工程量
实 体 项 目				
1	010502001001	有梁板 1. 混凝土种类：商品混凝土 2. 混凝土强度等级：C35	m³	48.17
措 施 项 目				
1	011702002001	矩形梁 模板材质：复合模板	m²	431.648

3) 梁钢筋工程量

首层框架梁和非框架梁的钢筋工程量如表 3-10 所示。

表 3-10　梁钢筋工程量汇总表

汇总信息	汇总信息钢筋总重 /kg	构件名称	构件数量	HRB300	HRB400
梁	8833.064	KL7[312]	1	24.09	900.525
		L1[379]	1		29.77
		L1[385]	1		29.347
		L6[319]	1		349.948
		L7[307]	1		63.731
		KL1[288]	1	11.88	561.575
		KL2[291]	2	23.668	1091.488
		KL3[363]	2	23.668	888.608
		KL4[357]	1	12.21	580.098
		KL5[310]	1	18.7	1017.214
		KL6[316]	1	26.84	1477.988
		L2[388]	6		77.964
		L2[400]	8		104.928
		L3[366]	2	13.2	574.616
		L4[371]	1	6.6	282.27
		L5[360]	1		324.703
		L8[382]	1		63.741
		L9[523]	1		253.694

 知识拓展

1. 捕捉点的设置

绘图时，无论是利用点画、直线还是其他绘制方式，都需要捕捉绘图区的点，以确定点的位置和线的端点。GTJ2021 算量软件提供了多种类型点的捕捉，用户可以点击"工具"选项卡，在"选项"面板中点击"选项"命令，在弹出的窗口中选择"对象捕捉"进行设置，如图 3-58 所示。绘图时也可在屏幕下方的"捕捉工具栏"中直接选择要捕捉的点类型，

方便绘制图元时选取点，如图3-59所示。

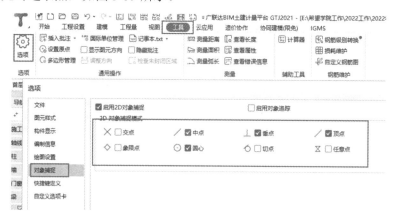

图 3-58　对象捕捉设置

图 3-59　捕捉工具栏

2. 设置悬挑梁的弯起钢筋

当工程中存在悬挑梁并且需要计算弯起钢筋时，在软件中可以快速地进行设置及计算。点击"工程设置"选项卡，在"钢筋设置"面板中点击"计算设置"命令，在弹出的窗口中选择"节点设置"→"框架梁"，在第29项设置悬挑梁钢筋图号，软件默认是2号图号，可以点击⬚⬚⬚按钮选择其他图号(软件提供了6种图号)，可对节点示意图中的数值进行修改，如图3-60所示。计算设置的修改范围是全部悬挑梁，如果修改单根悬挑梁，则应选中单根梁，在平法表格"悬臂钢筋代号"中修改。

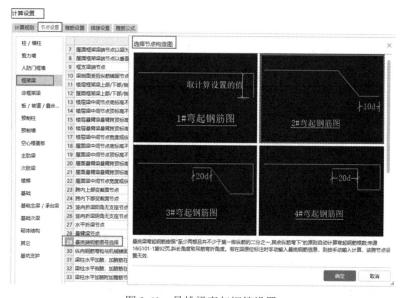

图 3-60　悬挑梁弯起钢筋设置

3. 查看钢筋三维

当构件绘制完成并进行了汇总计算后，可以用钢筋三维来查看设置好的钢筋是否和我们想要的钢筋设置一样。以 KL7 为例，当绘制并原位标注完成后，可以点击选中 KL7，在"工程量"选项卡下，点击"汇总"面板中的"汇总选中图元"命令汇总计算 KL7，如图 3-61所示。首先在"工程量"选项卡下，点击"钢筋计算结果"面板中的"钢筋三维"命令，如图 3-62 所示。再点击 KL7，就可查看 KL7 的钢筋三维，钢筋构造显示为灰色，当选中某部位钢筋时显示为蓝色，并可显示其详细计算公式，也可在弹出的窗口中选择显示钢筋信息，如图 3-63 所示。

图 3-61　汇总选中图元命令

图 3-62　钢筋三维命令

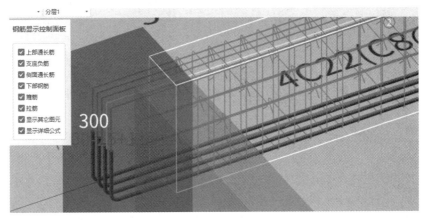

图 3-63　查看钢筋三维

▶▶ 🎧【课后练习】 ···

单项选择题

1. 根据《房屋建筑与装饰工程工程量计算规范》GB 50854—2013，以下不属于现浇混

凝土梁的是 (   )。

A. 矩形梁   B. 基础梁

C. 过梁   D. 框架梁

2. 梁平面注写方式包括集中标注和原位标注，施工时 (   ) 优先。

A. 原位标注   B. 集中标注

C. 均可   D. 无相关规定

3. 关于现浇混凝土梁工程量计算，下列说法不正确的是 (   )。

A. 应扣除构件内钢筋铁件的体积

B. 梁与柱连接时，梁长算至柱的侧面

C. 次梁与主梁连接时，次梁长算至主梁的侧面

D. 伸入墙内的梁头、梁垫体积并入梁体积内计算

4. 连梁在软件中属于 (   ) 构件类型。

A. 墙   B. 门窗洞

C. 梁   D. 柱

5. 当梁中同排纵筋直径有两种时，用 (   ) 符号将两种纵筋相连，注写时将角部纵筋写在前面。

A. /   B. *

C. +   D. ;

任务六   板及板筋的工程量计算

任务说明

根据《宿舍楼施工图》，首层板结构布置见附图 5"结施 -11, 2.95 标高层结构板施工图"。

要求在规定时间内，在广联达 BIM 土建计量平台 GTJ2021 软件中完成首层现浇板、板受力筋、负筋和跨板受力筋的模型建立工作，并得到首层板的混凝土及钢筋清单工程量。

任务分析

1. 准备资料

全套施工图、《房屋建筑与装饰工程工程量计算规范》GB 50584—2013、《混凝土结构施工图平面整体表示方法制图规则和构造详图》(16G101-1)、广联达 BIM 土建计量平台 GTJ2021 等。

2. 分析任务

1) 图纸识读

进行板的图纸识读，需注意以下几个要点：

(1) 本页图纸说明、厚度说明、配筋说明；

(2) 板的标高；

(3) 板的分类，相同的板的位置；

(4) 板的特殊形状。

通过识读施工图附图 5 "结施 -11" 可得到板的基本信息，首层板及板筋基本信息如表 3-11 所示。

表 3-11　首层板及板筋信息表

序号	项目	内容
1	混凝土材料	板采用 C30 混凝土
2	钢筋材料	钢筋采用 HRB400
3	钢筋	未注明板筋 C8@180，未注明分布筋 C8@200
4	板厚	图上单独注写板厚为 110 mm，未注明板厚为 100 mm
5	其他	卫生间降板 250 mm

2) 现浇混凝土板基础知识

(1) 板的清单计算规则。现浇混凝土板的清单计算规则如表 3-12 所示。

表 3-12　现浇混凝土板的清单计算规则

编号	项目名称	单位	计算规则
010505001	有梁板	m³	按设计图示尺寸以体积计算，不扣除构件内钢筋、预埋铁件及单个面积不大于 0.3 m² 的柱、垛以及孔洞所占体积 压型钢板混凝土楼板应扣除构件内压型钢板所占体积 有梁板（包括主、次梁与板）按梁、板体积之和计算 无梁板按板和柱帽体积之和计算 各类板伸入墙内的板头并入板体积内计算，薄壳板的肋、基梁并入薄壳体积内计算
010505002	无梁板		
010505003	平板		
010505004	拱板		
010505005	薄壳板		
010505006	栏板		
010505007	天沟（檐沟）、挑檐板		按设计图示尺寸以体积计算
010505008	雨篷、悬挑板、阳台板		按设计图示尺寸以墙外部分体积计算，包括伸出墙外的牛腿和雨篷反挑檐的体积
010505009	空心板		按设计图示尺寸以体积计算
010505010	其他板		
010515001	现浇构件钢筋	t	按设计图示钢筋（网）长度（面积）乘单位理论质量计算

(2) 板的平法知识。板配筋规定，钢筋混凝土板是受弯构件，按其作用分为底部受力筋、上部负筋、分布筋。板钢筋的注写一般有两种：第一种，板受力筋采用双层双向，可用平

法注写，如图 3-64 所示，B 表示面筋，T 表示底筋；第二种，传统标注方法，将钢筋信息注写在平面图，钢筋弯钩方向为左上指底筋，方向为右下指面筋，如图 3-65 所示。

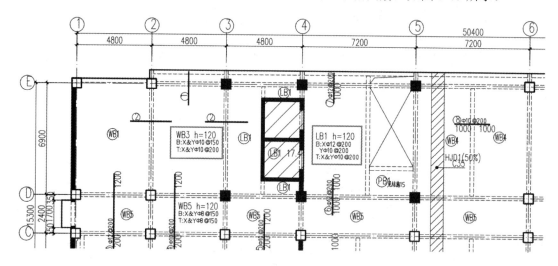

图 3-64　板配筋图平法注写

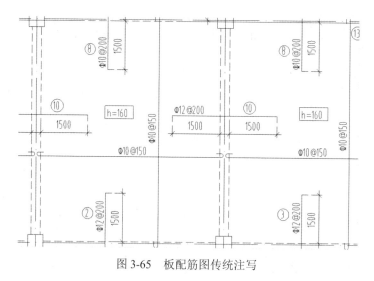

图 3-65　板配筋图传统注写

任务实施

板的新建及绘制基本流程：新建板并定义属性→做法套用→绘制板→板钢筋的新建→板钢筋的绘制→汇总计算并查看工程量。

在板钢筋工程中，将板和钢筋分开，这与前面的墙、柱、梁有所不同。绘制钢筋之前，必须先画板。

对板构件建模，需要切换到"建模"选项卡下，在左侧"导航栏"中点击"板"→"现浇板"，如图 3-66 所示。

图 3-66　现浇板

1. 板的新建、绘制

1) 现浇板的新建

在"构件列表"中点击"新建"下拉菜单，选择"新建现浇板"，如图 3-67 所示。

根据表 3-11 可知，本层板有两种板厚，以"110 厚"的板为例，在"属性列表"中输入相应的属性值，若图纸上对板标高有特殊说明，则可在"顶标高"一栏作修改，如图 3-68 所示。

图 3-67　新建现浇板

图 3-68　现浇板属性列表

小提示

在"属性列表"的钢筋业务属性中可编辑马凳筋信息。马凳筋因其形状像凳子，故俗称马凳，也称撑筋。它用于上下两层板钢筋中间，起固定上层板钢筋的作用。当基础厚度较大时（大于800 mm)不宜用马凳，而是使用支架更稳定和牢固。其相关参数如下：

马凳筋参数图：可编辑马凳筋类型，软件内置三种马凳筋图形，可根据具体情况进行选择、修改，如图3-69所示。

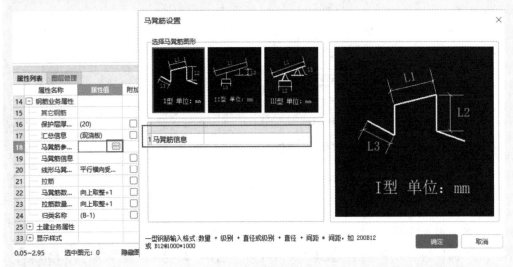

图3-69   马凳筋设置

除图纸有说明外，当板厚≤140 mm，板受力筋和分布筋≤10时，马凳筋直径可采用A8；当140 mm＜h≤200 mm，板受力筋≤12时，马凳筋直径可采用A10；当200 mm＜h≤300 mm时，马凳筋直径可采用A12；当300 mm＜h≤500 mm时，马凳筋直径可采用A14；当500 mm＜h≤700 mm时，马凳筋直径可采用A16；厚度大于800 mm时，最好采用钢筋支架或角钢支架。

马凳筋的长度：马凳高度＝板厚×2×保护层Σ(上部板筋与板最下排钢筋直径之和)。上平直段为板筋间距＋50 mm(也可以是80 mm，马凳上放一根上部钢筋)，下左平直段为板筋间距＋50 mm，下右平直段为100，这样马凳的上部能放置两根钢筋，下部三点平稳地支承在板的下部钢筋上。马凳筋不能接触模板，以防止马凳筋返锈。

线形马凳筋方向：对Ⅱ型、Ⅲ型马凳筋起作用，设置马凳筋的布置方向。

2) 板的清单做法套用

板构件定义完成后，需要进行套用做法操作，具体操作方法与柱做法套用一致。现浇板的混凝土清单如图3-70所示。

	编码	类别	名称	项目特征	单位	工程量表达式	表达式说明	单价	综合单
1	⊟ 010505001	项	有梁板	1.混凝土种类: 商品混凝土 2.混凝土强度: C30	m3	TJ	TJ<体积>		
2	AE0062	定	有梁板 商品混凝土C30		m3	TJ	TJ<体积>	4211.81	
3	⊟ 011702014	项	有梁板 (模板)	模板材质: 复合模板	m2	MBMJ	MBMJ<底面模板面积>		
4	AS0057	定	有梁板 复合模板		m2	MBMJ	MBMJ<底面模板面积>	5328.93	

图 3-70　有梁板清单套用

3) 现浇板的绘制

绘制板有 4 种主要命令: 点、直线、矩形和智能布置。

(1) 点画绘制板。在剪力墙或梁等线性构件的封闭区域内绘制板, 可采用"绘图"面板中的"点"命令完成绘制, 如图 3-71 所示。以 2～3 轴交 C～D 轴之间的板为例, 定义好楼板属性后, 点击"点画"命令, 在 2～3 轴交 C～D 轴之间的区域单击鼠标左键, 即可布置此板, 如图 3-72 所示。若在非封闭区域使用"点"命令布置, 则会弹出"检测封闭区域"的窗口, 如图 3-73 所示。

图 3-71　点命令

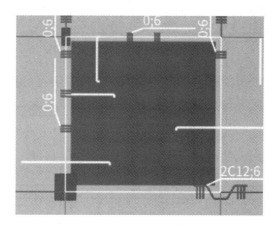

图 3-72　点绘制板

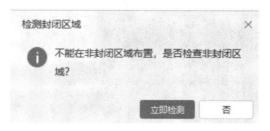

图 3-73　检测封闭区域提示

(2) 直线绘制板。在未能实现线性封闭区域内绘制板，可采用"直线"绘制命令，如楼层边缘板或悬挑板等。"直线"命令如图 3-74 所示，绘制过程为依次点击板边角点，且能够实现最终角点的自动闭合。

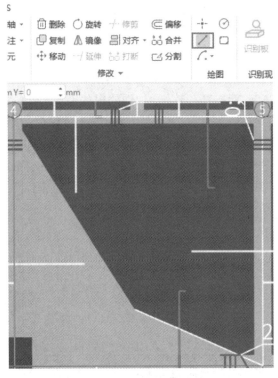

图 3-74　直线命令

(3) 矩形绘制板。如果图中没有围成封闭区域的位置，还可以采用"矩形"画法来绘制板。点击"矩形"按钮，选择板图元的一个顶点，再选择对角的顶点，即可绘制一块矩形板，如图 3-75 所示。此命令仅适用于矩形板的绘制。

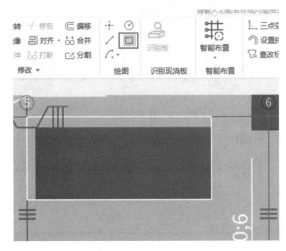

图 3-75　矩形命令

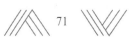

(4) 智能布置板。当板下的梁、墙绘制完毕，且图中板类别较少时，可使用"智能布置"命令自动生成板，软件会自动根据图中梁和墙围成的封闭区域来生成整层的板。"智能布置"完成之后，需要检查图纸，将与图中板信息不符的内容修改过来，对图中没有板的地方进行删除，如图 3-76 所示。

图 3-76 智能布置命令

2. 板筋的新建、绘制

1) 板受力筋

根据附图 5 "结施 -11"，板厚为 110 mm 的现浇板单层受力筋，X 方向为 C8@170，Y 方向为 C8@180，走道 X&Y 方向均为 C8@200。其余位置的 100 mm 厚板，均为双层双向配筋。

(1) 板受力筋的新建。点击"建模"选项卡，在左侧"导航栏"中选择"板"，点击"板受力筋"，在"构件列表"中选择"新建"下拉菜单，点击"新建板受力筋"命令，如图 3-77 所示。以 C～D 轴、2～3 轴上的 110 mm 厚板受力筋 C8@170 为例，新建板受力筋 SLJC8@170。根据 SLJC8@170 在图纸中的布置信息，在"属性列表"中依次输入相应的属性值，特别注意区分底筋和面筋，如图 3-78 所示。

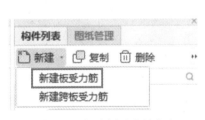

图 3-77 新建板受力筋命令

图 3-78 板受力筋属性列表

(2) 板受力筋的绘制。点击"建模"选项卡，在左侧"导航栏"中，选择"板受力筋"，首先在"板受力筋二次编辑"面板中点击"布置受力筋"命令，如图 3-79 所示。然后在下方工具条中选择布置受力筋方式，按照布置范围有"单板""多板""自定义"和"按受力筋范围"；按照钢筋方向有"XY 方向""水平""垂直""两点""平行边""弧线边布置放射筋"和"圆心布置放射筋"，如图 3-80 所示。

图 3-79　布置受力筋命令

◉ 单板 ◯ 多板 ◯ 自定义 ◯ 按受力筋范围 ◯ XY 方向 ◉ 水平 ◯ 垂直 ◯ 两点 ◯ 平行边 ◯ 弧线边布置放射筋 ◯ 圆心布置放射筋

图 3-80　绘制板受力筋工具条

以 C~D 轴与 2~3 轴的 110 mm 受力筋布置为例，由施工图可知，该板的受力筋只有底筋，底筋 X 方向为 C8@170，Y 方向为 C8@180，这里采用"XY 方向"来布置。在"板受力筋二次编辑"面板中点击"布置受力筋"命令，在工具条中选择"单板"和"XY 方向"，弹出图 3-81 所示的对话框。

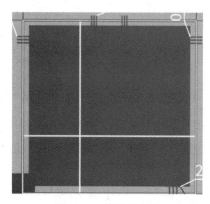

图 3-81　智能布置对话框

由于目标板 X 方向和 Y 方向钢筋信息不一致，在"智能布置"对话框中，选择"XY 向布置"，并在"底筋"中依次输入 XY 方向钢筋信息，选择目标板即可。板受力筋布置完成，如图 3-82 所示。

图 3-82　布置受力筋

小提示

双向布置：适用于某种钢筋类别在两个方向上布置的信息是相同的情况。

双网双向布置：适用于底筋与面筋在 X 和 Y 两个方向上钢筋信息全部相同的情况。

XY 向布置：适用于底筋的 X、Y 方向信息不同，面筋的 X、Y 方向信息不同的情况。

选择参照轴网：可以选择以哪个轴网的水平和竖直方向为基准进行布置，不勾选时，以绘图区水平方向为 X 方向，竖直方向为 Y 方向。

(3) 应用同名板。由于 110 mm 板的钢筋信息全部相同，下面使用"应用同名板"来布置其他同名称板的钢筋。

点击"建模"选项卡，在"板受力筋二次编辑"面板中点击"应用同名板"命令，如图 3-83 所示。点击选择已经布置上钢筋的 C～D 轴与 2～3 轴的 110 mm 板图元，单击鼠标右键确定，则其他同名称的板都布置上了相同的钢筋信息。

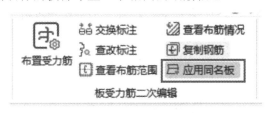

图 3-83　应用同名板命令

2) 跨板受力筋

(1) 跨板受力筋的新建。跨板受力筋是面筋与负筋的综合体，在图纸中表现为经过一个或多个整板，并且端头部分伸入其他板内的钢筋。点击"建模"选项卡，在左侧"导航栏"中选择"板"，点击"板受力筋"，在"构件列表"中选择"新建"下拉菜单，点击"新建跨板受力筋"命令，如图 3-84 所示。以 B～C 轴交 2～3 轴上的跨受力筋为例，新建板受力筋，根据图纸信息，在"属性列表"中依次输入相应的属性值，如图 3-85 所示。

左标注和右标注：左右两边伸出支座的长度，根据图纸中的标注进行输入。数值填错或者填反可以通过工具栏上的"交换标注"和双击标注数字在绘图后进行修改。标注长度位置和分布钢筋信息在工程设置时已经在计算规则中输入，可不调整。

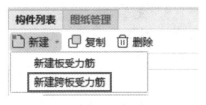

图 3-84　新建跨板受力筋命令

属性列表

	属性名称	属性值	附加
1	名称	KBSLJ-1	
2	类别	面筋	☐
3	钢筋信息	⌀8@180	☐
4	左标注(mm)	900	☐
5	右标注(mm)	1200	☐
6	马凳筋排数	1/1	☐
7	标注长度位...	(支座中心线)	☐
8	左弯折(mm)	(0)	☐
9	右弯折(mm)	(0)	☐
10	分布钢筋	(⌀8@200)	☐

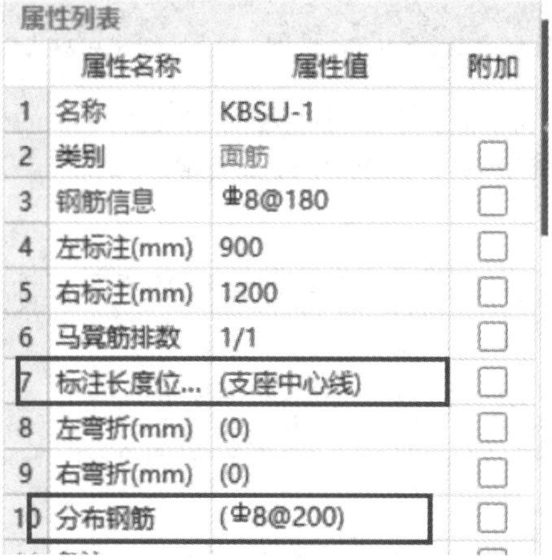

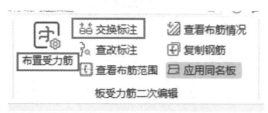

图 3-85　跨板受力筋属性列表

(2) 跨板受力筋的绘制。跨板受力筋的绘制方法同面筋和底筋，只在选择钢筋方向上有所区别，一般选择水平方向或者垂直方向，不会选择 XY 方向。如果左右标注方向反了可以通过“交换标注”修改。对于该位置的跨板受力筋，可采用“单板”和“垂直”布置的方式来绘制。点击“构件列表”中新建的跨板受力筋，在“板受力筋二次编辑”面板中点击“布置受力筋”命令，选择“单板”，再选择“垂直”，点击 B～C 轴交 2～3 轴上的楼板，即可布置垂直方向的跨板受力筋，如图 3-86 所示。其他位置的跨板受力筋采用同样的布置方式。

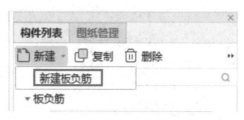

图 3-86　布置跨板受力筋

3) 负筋

(1) 板负筋的新建。在“导航栏”中点击“板”→“板负筋”，在“构件列表”的“新建”下拉菜单中点击“新建板负筋”，方法同跨板受力筋，如图 3-87 所示。以 A～B 轴交 2 轴上的负筋为例，新建负筋。根据图纸信息，在“属性列表”中依次输入相应的属性值，如图 3-88 所示。

图 3-87　新建板负筋命令

	属性名称	属性值	附加
1	名称	FJ-1	
2	钢筋信息	⌀8@180	☑
3	左标注(mm)	1030	☑
4	右标注(mm)	1030	☑
5	马凳筋排数	1/1	☐
6	非单边标注含...	(是)	☐
7	左弯折(mm)	(0)	☐
8	右弯折(mm)	(0)	☐
9	分布钢筋	(⌀8@200)	☐

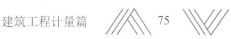

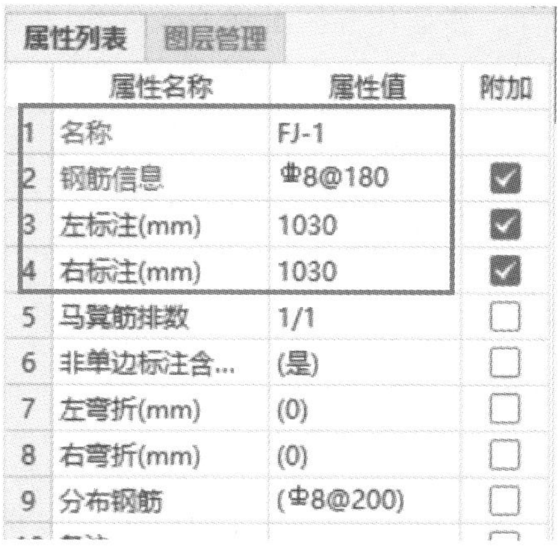

图 3-88　板负筋属性列表

(2) 板负筋的绘制。点击“建模”选项卡，在右侧“导航栏”中选择“板”→“板负筋”，在“板负筋二次编辑”面板中点击“布置负筋”命令，如图 3-89 所示。选项栏会出现布置方式，有“按梁布置”“按圈梁布置”“按连梁布置”“按墙布置”“按板边布置”和“画线布置”，如图 3-90 所示。

首先选择“按板边布置”，此时板边显示为白色线条，然后将鼠标放在要布置负筋的板边上，板边显示为蓝色，并且显示出负筋的预览图，单击鼠标左键确定，即可布置成功，如图 3-91 所示。

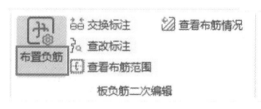

图 3-89　布置负筋命令

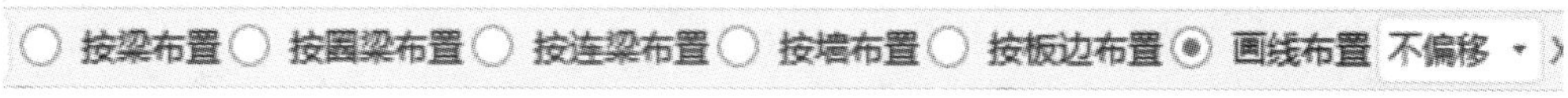

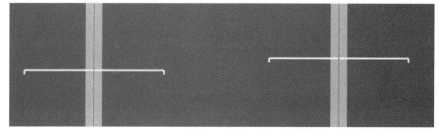

图 3-90　布置负筋方式工具栏

图 3-91　布置负筋

在绘制负筋过程中，很容易有所遗漏，最简单的检查方法是依次检查板的四边是否已经布置了负筋。如果没有布置负筋，那么该处是否有跨板受力筋。如果没有跨板受力筋，很有可能该处的负筋被漏掉了，需要比照图纸再进行检查。

3. 汇总计算

1) 板土建工程量

首层现浇板的混凝土清单工程量如表 3-13 所示。

表 3-13　板清单汇总表

序　号	编　码	项　目　名　称	单　位	工程量
		实 体 项 目		
1	010505001001	有梁板 1. 混凝土种类：商品混凝土 2. 混凝土强度等级：C35	m³	76.242
		措 施 项 目		
1	011702014001	有梁板 模板材质：复合模板	m²	651.07

2) 板钢筋工程量

首层板钢筋工程量如表 3-14 所示。

表 3-14　板钢筋工程量汇总表

汇总信息	汇总信息钢筋工程量 /kg	构件名称	构件数量	HRB335	HRB400
板负筋	525.345	FJ-1	1	90.352	244.638
		FJ-2	1	11.14	27.024
		FJ-3	1		32.823
		FJ-4	1	2.93	10.098
		FJ-5	1	6.12	23.51
		FJ-6	1	17.82	58.89
板受力筋	2323.242	B-1[1206]	1		872.199
		B-2[1221]	1		24.701
		B-2[1222]	1		24.623
		B-3[1241]	1		25.304
		B-2[1234]	1	1.64	28.416
		B-3[1242]	1		25.32
		B-2[1235]	1	1.64	28.4
		B-3[1244]	1		25.304
		B-2[1236]	1	1.64	28.416
		B-3[1243]	1		25.32

汇总信息	汇总信息钢筋工程量 /kg	构件名称	构件数量	HRB335	HRB400
板受力筋	2323.242	B-2[1237]	1	1.64	28.4
		B-3[1245]	1		25.304
		B-2[1238]	1	1.64	28.416
		B-3[1246]	1		25.32
		B-2[1239]	1	1.44	28.4
		B-2[1223]	1		24.983
		B-2[1224]	1		24.865
		B-3[1247]	1		20.758
		B-2[1233]	1	1.312	28.184
		B-3[1248]	1		25.394
		B-2[1232]	1	1.312	28.416
		B-3[1249]	1		25.41
		B-2[1231]	1	1.312	28.4
		B-2[1229]	1	1.312	28.416
		B-3[1250]	1		25.394
		B-3[1251]	1		25.41
		B-2[1228]	1	1.312	28.4
		B-3[1252]	1		25.394
		B-2[1227]	1	1.312	28.416
		B-2[1226]	1	1.312	28.4
		B-3[1253]	1		25.41
		B-3[1254]	1		25.394
		B-2[1225]	1	0.792	24.96
		B-2[1196]	1		24.849
		B-2[1195]	1	14.606	59.265
		B-2[1197]	1	13.285	56.479
		B-2[1198]	1	13.285	56.479
		B-2[1199]	1	13.285	56.479
		B-2[1200]	1	13.285	56.479
		B-2[1201]	1	13.285	56.479
		B-2[1202]	1	13.285	56.479
		B-2[1203]	1	14.25	56.225

知识拓展

1. 查看布筋范围

当遇到以下问题时，可以使用"查看布筋范围"功能。在查看工程时，板筋布置比较密集，想要查看具体某根受力筋或负筋的布置范围，其操作步骤如下：

(1) 在"板受力筋二次编辑"中点击"查看布筋范围"，如图 3-92 所示。

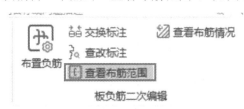

图 3-92　查看布筋范围命令

(2) 移动鼠标，当鼠标指向某根受力筋或负筋图元时，该图元所布置的范围显示为蓝色，如图 3-93 所示。

图 3-93　查看钢筋布筋范围

2. 查看布筋情况

当遇到以下问题时，可以使用"查看布筋情况"功能，查看受力筋、负筋布置的范围是否与图纸一致，用于检查和校验。以受力筋为例来进行说明，其操作步骤如下：

(1) 在"板受力筋二次编辑"中点击"查看布筋情况"，如图 3-94 所示。当前层中会显示所有底筋的布置范围及方向，如图 3-95 所示。

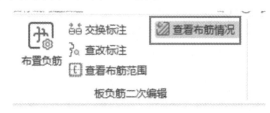

图 3-94　查看布筋情况命令

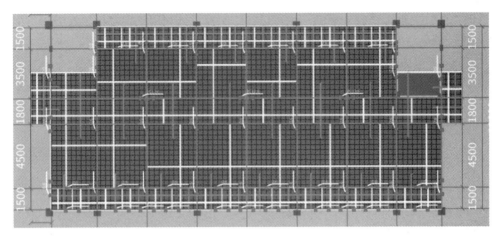

图 3-95　查看受力筋情况

(2) 在"选择受力筋类型"中可以选择不同的钢筋类型查看其布置情况，如图 3-96 所示。

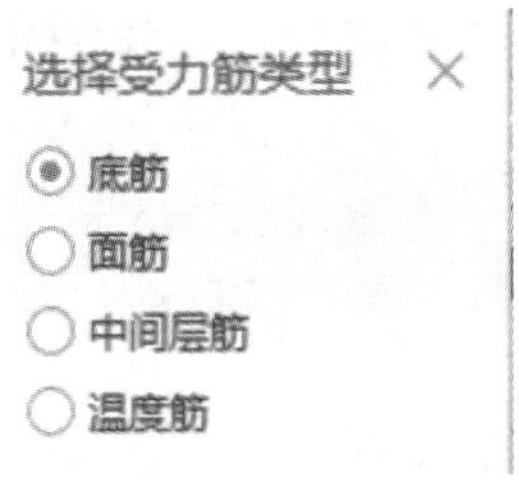

选择受力筋类型　×

⊙ 底筋

○ 面筋

○ 中间层筋

○ 温度筋

图 3-96　选择受力筋类型窗口

例如，切换到面筋后的显示效果如图 3-97 所示。

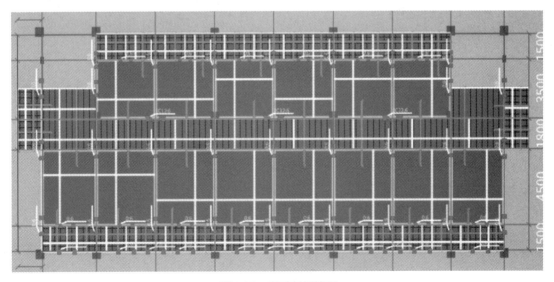

图 3-97　查看面筋情况

3. 查改标高

当板标高与层顶标高不一致时，可以在新建板时直接在"属性列表"的"顶标高"处进行修改，画好的板都是统一标高，也可以在绘制板后，利用"现浇板二次编辑"面板中"查改标高"命令，单独调整指定板的标高，如图 3-98 所示。

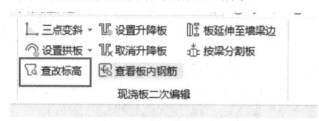

图 3-98　查改标高命令

▶▶ ⦿【课后练习】···

多项选择题

1. 根据《房屋建筑与装饰工程工程量计算规范》GB 50854—2013，将现浇混凝板分为（　　）。

A. 平板　　　　　　　　　　B. 有梁板

C. 无梁板　　　　　　　　　D. 拱形板

E. 斜板

2. 现浇板的计算规则为：按设计图示尺寸以体积计算，不扣除（　　）。

A. 构件内钢筋　　　　　　　B. 预埋铁件所占体积

C. 板洞　　　　　　　　　　D. 板与构件交接处

E. 0.3 m² 以内的孔洞

3. 不封闭的区间绘制现浇板可以采用的命令有（　　）。

A. 点　　　　　　　　　　　B. 直线

C. 矩形　　　　　　　　　　D. 圆形

E. 智能布置

4. 现浇板的主要绘制命令有（　　）。

A. 点　　　　　　　　　　　B. 直线

C. 矩形　　　　　　　　　　D. 圆形

E. 智能布置

5. 钢筋的布置方向有（　　）。

A. XY 方向　　　　　　　　B. 水平

C. 垂直　　　　　　　　　　D. 两点

E. 双网双向

任务七　楼梯的工程量计算

任务说明

根据《宿舍楼施工图》，楼梯及大样图见附图 9 "建施 -08，楼梯剖面图及楼梯间大样图"，楼梯配筋图见附图 6 "结施 -14，楼梯间剖面大样"。

要求在规定时间内，在广联达 BIM 土建计量平台 GTJ2021 软件中完成首层楼梯的模型建立工作，并得到首层楼梯的混凝土及钢筋清单工程量。

任务分析

1. 准备资料

全套施工图、《房屋建筑与装饰工程工程量计算规范》GB 50584—2013、《混凝土结构施工图平面整体表示方法制图规则和构造详图》(16G101-1)、广联达 BIM 土建计量平台 GTJ2021 等。

2. 分析任务

1) 图纸识读

通过识读施工图附图 10 "建施 -03"、附图 9 "建施 -08"、附图 6 "结施 -14"，本工程共 2 部楼梯，分别位于 1-2 轴和 C-D 轴间及 8-9 轴和 C-D 轴间。该楼梯从一层到四层，均为标准双跑类型。楼梯由梯梁、梯柱、平台板、楼梯踏步组成，在软件建模时应分构件分别绘制。

2) 现浇混凝土楼梯基础知识

楼梯清单计算规则如表 3-15 所示。

表 3-15　楼梯清单计算规则

编号	项目名称	单位	计算规则
010506001	直行楼梯	m²	按实际图示尺寸以水平投影面积计算，不扣除宽度小于 500 mm 的楼梯井所占面积，伸入墙内部分不计算
011702024	楼梯	m²	按楼梯 (包括休息平台、平台梁、斜梁和楼层板的连接梁) 的水平投影面积计算，不扣除宽度小于等于 500 mm 的楼梯井所占面积，楼梯踏步、踏步板、平台梁等侧面模板不另计算，伸入墙内部分亦不计算

任务实施

楼梯的新建及绘制基本流程：楼梯梯柱的绘制→楼梯梯梁和平台梁的绘制→楼梯平台

板及板筋的绘制→楼梯踏步单构件输入→楼梯绘制。

1. 梯柱的新建、绘制

梯柱绘制方法与框架柱绘制方法相同，此处仅介绍相应的参数设置，其余操作可参照前述方法完成，需注意以下三个关键点。

1) 梯柱的新建

根据楼梯配筋图输入梯柱有关参数，由于梯柱并非楼层全高设置，需特别注意梯柱的底标高和顶标高参数的输入，名称为 TZ-1，截面宽度 (B 边)(mm) 为 200，截面高度 (H 边)(mm) 为 400，角筋为 4C16，H 边一侧中部筋为 1C10@100，箍筋为 C10@100，箍筋肢数为 2×3，参数设置如图 3-99 所示。

	属性名称	属性值	附加
1	名称	TZ-1	
2	结构类别	框架柱	
3	定额类别	普通柱	
4	截面宽度(B边)(...	200	
5	截面高度(H边)(...	400	
6	全部纵筋		
7	角筋	4Φ16	
8	B边一侧中部筋		
9	H边一侧中部筋	1Φ16	
10	箍筋	Φ10@100(2*3)	

11	节点区箍筋		
12	箍筋胶数	2*3	
13	柱类型	(中柱)	
14	材质	现浇混凝土	
15	混凝土强度等级	(C35)	
16	混凝土外加剂	(无)	
17	泵送类型	(混凝土泵)	
18	泵送高度(m)		
19	截面面积(m²)	0.08	
20	截面周长(m)	1.2	
21	顶标高(m)	层底标高+1.5	
22	底标高(m)	层底标高	

图 3-99　梯柱参数

2) 梯柱的清单做法套用

梯柱的清单做法套用如图 3-100 所示。梯柱的工程量未含于楼梯的实体工程量中，需单独套用做法。

	编码	类别	名称	项目特征	单位	工程量表达式	表达式说明
1	⊟ 010502001001	项	矩形柱	1.混凝土种类: 商品混凝土 2.混凝土强度等级: C35	m3	TJ	TJ<体积>
2	AE0025	定	矩形柱 商品混凝土C30		m3	TJ	TJ<体积>
3	⊟ 011702002	项	矩形柱	模板材质: 复合模板	m2	MBMJ	MBMJ<模板面积>
4	AS0040	定	矩形柱 复合模板		m2	MBMJ	MBMJ<模板面积>

图 3-100　梯柱做法

3) 梯柱的绘制

绘制梯柱时，注意分析梯柱与轴线间的位置，其中心点位于 D 轴下方 1550 mm 处。根据附图 6 "结施 -14" 楼梯间 A-A 剖面大样可知，梯柱中心点应在梯梁 TL2 中心线上，根据楼梯间二—四层大样可知，TL2 下边缘距 D 轴 1650 mm，TL2 截面宽度为 200 mm，故梯柱中心点距离 D 轴 1550 mm。梯柱布置完成后如图 3-101 所示。

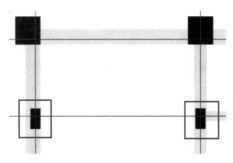

图 3-101　梯柱布置图

2. 梯梁和平台梁的新建、绘制

采用与首层梁绘制同样的方法绘制楼梯梯梁和平台梁，此处仅介绍相应的参数设置，其余操作可参照前述方法完成，需注意以下三个关键点。

1) 梯梁、平台梁的新建

根据附图 6 "结施 -14" 楼梯配筋图输入 PTL、TL1、TL2、TL3 有关参数，特别注意起点顶标高和终点顶标高的修改，如图 3-102 所示。

	属性名称	属性值	附加		属性名称	属性值	附加
1	名称	TL1		1	名称	PTL	
2	结构类别	楼层框架梁	☐	2	结构类别	楼层框架梁	☐
3	跨数量	1		3	跨数量	1	
4	截面宽度(mm)	300	☐	4	截面宽度(mm)	200	☐
5	截面高度(mm)	350	☐	5	截面高度(mm)	350	☐
6	轴线距梁左边…	300	☐	6	轴线距梁左边…	(100)	☐
7	箍筋	Φ8@200(2)	☐	7	箍筋	Φ8@200(2)	☐
8	胶数	2		8	胶数	2	
9	上部通长筋	2Φ14	☐	9	上部通长筋	3Φ14	☐
10	下部通长筋	3Φ16	☐	10	下部通长筋	3Φ14	☐
11	侧面构造或受…		☐	11	侧面构造或受…		☐
12	拉筋		☐	12	拉筋		☐
13	定额类别	板底梁	☐	13	定额类别	板底梁	☐
14	材质	现浇混凝土	☐	14	材质	现浇混凝土	☐
15	混凝土强度等级	(C30)	☐	15	混凝土强度等级	(C30)	☐
16	混凝土外加剂	(无)		16	混凝土外加剂	(无)	
17	泵送类型	(混凝土泵)		17	泵送类型	(混凝土泵)	
18	泵送高度(m)			18	泵送高度(m)		
19	截面周长(m)	1.3	☐	19	截面周长(m)	1.1	☐
20	截面面积(m²)	0.105	☐	20	截面面积(m²)	0.07	☐
21	起点顶标高(m)	层底标高	☐	21	起点顶标高(m)	1.45	☐
22	终点顶标高(m)	层底标高	☐	22	终点顶标高(m)	1.45	☐

图 3-102　梯梁及平台梁参数

2) 梯梁、平台梁的清单做法套用

不能为 PTL、TL1、TL2、TL3 套用混凝土浇筑及模板做法，否则会造成工程量重复计算。按清单及定额计算规则，梯梁的混凝土浇筑及模板工程量统一考虑在整体楼梯中。

3) 梯梁、平台梁的绘制

为防止在绘制梯梁及平台梁时受到首层框架梁的影响，应将"分层 1"改为"分层 2"，在"分层 2"中进行 PTL、TL1、TL2、TL3 的绘制，如图 3-103 所示。

梯梁及平台梁布置完成后如图 3-104 所示。

图 3-103　将分层 1 改为分层 2

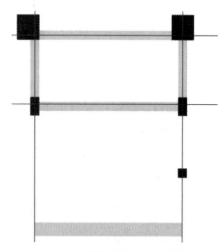

图 3-104　梯梁及平台梁布置图

3. 楼梯平台板及板筋的新建、绘制

采用与前述现浇板及受力筋绘制同样的方法，绘制楼梯平台板及板筋，此处仅介绍相应的参数设置，其余操作可参照前述方法完成，需注意以下三个关键点。

1) 平台板及板筋的新建

根据附图 6 "结施 -14"，平台板 PB1、PB2 板厚均为 100 mm，受力筋为 C8@180，根据图纸信息修改平台板相应参数，如图 3-105 所示，平台板钢筋参数如图 3-106 所示。

	属性名称	属性值	附加
1	名称	PB1	
2	厚度(mm)	100	
3	类别	有梁板	
4	是否叠合板后浇	否	
5	是否是楼板	是	
6	材质	现浇混凝土	
7	混凝土强度等级	(C30)	
8	混凝土外加剂	(无)	
9	泵送类型	(混凝土泵)	
10	泵送高度(m)		
11	顶标高(m)	2.95	

	属性名称	属性值	附加
1	名称	PB2	
2	厚度(mm)	100	
3	类别	有梁板	
4	是否叠合板后浇	否	
5	是否是楼板	是	
6	材质	现浇混凝土	
7	混凝土强度等级	(C30)	
8	混凝土外加剂	(无)	
9	泵送类型	(混凝土泵)	
10	泵送高度(m)		
11	顶标高(m)	1.45	

图 3-105　楼梯平台板参数

图 3-106　楼梯平台板钢筋参数

2) 平台板的清单做法套用

不能为平台板 PB1、PB2 套用混凝土浇筑及模板做法，否则会造成工程量重复计算。按清单及定额计算规则，平台板的混凝土浇筑及模板工程量统一考虑在整体楼梯中。

3) 平台板的绘制

为防止在绘制平台板时受到首层楼板的影响，应在"分层 2"中进行 PB1、PB2 的绘制，如图 3-107 所示。绘制平台板受力筋时，也可使用"智能布置"，选择"单板""XY 方向""双网双向布置"，输入板钢筋信息为"A8@180"，如图 3-108 所示。

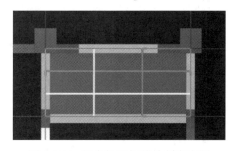

图 3-107　平台板及板筋绘制完成图

图 3-108　平台板受力筋布置

4. 楼梯踏步的新建、绘制（表格输入）

为完成楼梯所涉及的钢筋计算，还需要进行楼梯踏步的单构件输入。单构件输入也是建模算量中使用频率较高的一种方法，为帮助读者更好地掌握该方法，在此进行详细介绍。

(1) 在菜单栏中选择"工程量"，进入"工程量"界面，点击"表格算量"，弹出"表格算量"对话框，如图 3-109 所示。

图 3-109   表格输入

(2) 点击"构件"，新建构件。根据附图 6"结施 -14"中楼梯详图，新建构件，命名为"ATb1"，并在下方属性列表输入"构件数量"为 2(2 个梯段)，如图 3-110 所示。

(3) 点击"参数输入"调出"图集列表"，在"图集列表"中打开"双网双向 A-E 楼梯"，选择"AT 型楼梯"，如图 3-111 所示。

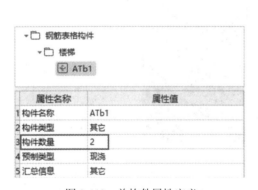

图 3-110   单构件属性定义   图 3-111   图集列表楼梯类型选择

(4) 根据附图 6"结施 -14"楼梯配筋图和附图 9"建施 -08"楼梯及大样图输入楼梯的相关参数，AT 梯板厚度 (h) 为 120，踏步段总高 (th) 为 1500，lsn = bs*m = 270*9(注意：需要根据图纸计算，已知踏步 9 级，踏步段水平段净长为 2430)，梯板分布钢筋为 C8@200，梯步净宽 (tbjk) 为 1475，低端梯梁为 300(首层为 TL1，绘制二—四层楼梯时需注意修改)，高端梯梁为 200，梯板上部纵筋为 C10@130，梯板下部纵筋为 C10@130，参数输入如图 3-112 所示。

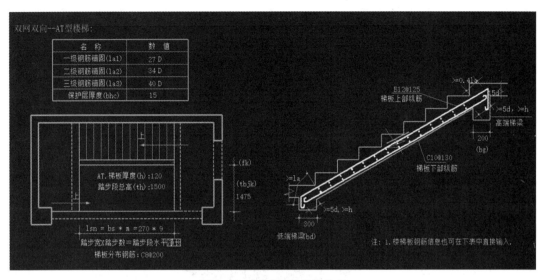

图 3-112　楼梯相关参数输入

(5) 点击图形显示右上方"计算保存"按钮，楼梯单构件输入完成，计算结果显示在图形下方，如图 3-113 所示。

筋号	直径(mm)	级别	图号	图形	计算公式	公式描述	长度	根数	搭接	损耗(%)	单重(kg)	总重(kg)
1 梯板下部纵筋	10	Φ	3	3020	2430*1.144+2*120		3020	13	0	0	1.863	24.219
2 梯板上部纵筋	12	Φ	781	3269　180　82	2430*1.144+408+343.2		3531	13	0	0	3.136	40.768
3 梯板分布钢筋	8	Φ	3	1445	1475-2*15		1445	30	0	0	0.571	17.13

图 3-113　楼梯单构件输入计算结果

5．楼梯（整体楼梯）的新建、绘制

前面做的大量工作实际上只完成了楼梯钢筋量的计算，楼梯混凝土浇筑、模板及支撑、栏杆扶手、踢脚线及装饰装修等工程量仍未计算。此时，需要建一个"参数化楼梯"（整体楼梯）解决这些问题。

对楼梯构件建模，需要切换到"建模"选项卡下，在左侧"导航栏"中点击"楼梯"→"楼梯"，如图 3-114 所示。

1）楼梯的新建

点击左侧"导航栏"下"楼梯"，展开列表，点击"楼梯(R)"按钮，进入楼梯定义界面。点击"新建"按钮下的"新建参数化楼梯"，弹出"选择参数化图形"对话框，如图 3-115 所示。点选"标准双跑"，并根据图纸信息完成相应参数的输入，注意图形显示中各字母编号的位置，并非简单地和图纸标号一一对应即可，参数输入如图 3-116 所示（注意：在前面已经绘制了梯梁、梯板，其钢筋工程量已经计算，在此处梯梁、梯板钢筋布置需清除）。

图 3-114　楼梯

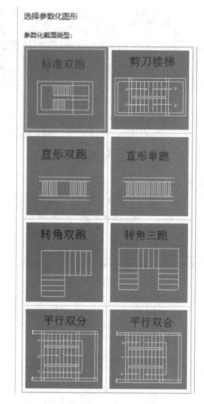

图 3-115　楼梯参数截面图形选择

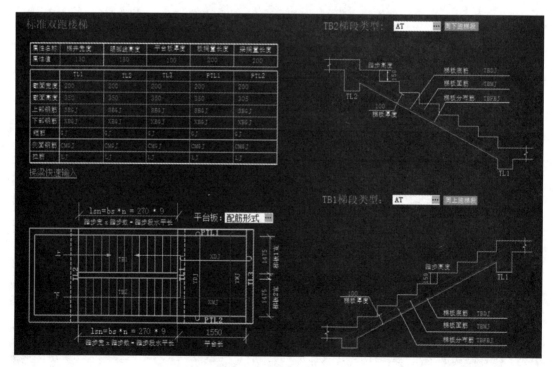

图 3-116　楼梯参数设置

2) 楼梯的清单做法套用

使用前述方法为楼梯套用做法，如图 3-117 所示。根据图纸可以看出，楼梯需要计算的内容除钢筋外，还有很多其他项，需要用心揣摩，举一反三，灵活应用，以后遇到类似问题能够全面处理，避免漏项。此处需要注意三个事项。

	编码	类别	名称	项目特征	单位	工程量表达式	表达式说明
1	⊟ 010506001001	项	直形楼梯	C30	m2	TYMJ	TYMJ<水平投影面积>
2	AE0091	定	直形楼梯 商品混凝土C30		m2	TYMJ	TYMJ<水平投影面积>
3	⊟ 011702024002	项	楼梯		m2	MBMJ	MBMJ<模板面积>
4	AS0085	定	直形楼梯 木模板		m2水平投影面积		
5	⊟ 011407002003	项	天棚喷刷涂料	1, 现浇钢筋混凝土板底面基层找补、清理； 2.5mm厚1:3水泥石灰砂浆打底； 3.3mm厚1:2 水泥石灰砂浆找平； 4, 刷(喷)涂料一底两面	m2		
6	AP0359	定	天棚面 喷刷仿瓷涂料 一遍		m2		
7	AP0360	定	天棚面 喷刷仿瓷涂料 每增一遍		m2		
8	⊟ 011106002004	项	块料楼梯面层	1.10厚防滑地砖800*800，水泥浆擦缝 2.楼梯踏步防滑条采用地砖成品防滑条，颜色同踏步。	m2	TYMJ	TYMJ<水平投影面积>
9	AL0227	定	块料楼梯面层 楼梯 彩釉砖 水泥砂浆		m2		
10	⊟ 011108003005	项	块料零星项目	楼梯侧面贴砖	m2		
11	AL0345	定	块料零星项目 彩釉砖 水泥砂浆粘贴		m2		
12	⊟ 011105003006	项	块料踢脚线	1.10厚150高地砖面层 2.4厚纯水泥浆粘接层 3.25厚1:2 .5水泥砂浆基层	m2		
13	AL0200	定	块料踢脚线 彩釉砖 水泥砂浆		m2		

图 3-117　楼梯做法套用

(1) 混合砂浆刷涂料天棚。根据定额说明，板式楼梯底面抹灰按斜面积计算，此部分工程量容易被忽略，需特别注意。

(2) 块料零星项目。根据定额说明，零星项目面层适用于楼梯侧面、台阶的牵边、小便池、蹲台、池槽，以及面积小于等于 1 m² 且定额未列项目的工程。故此处将楼梯侧面贴砖单列。

(3) 块料踢脚线。清单项目特征中有水泥砂浆黏结层和地砖面层两项内容，而套定额只套 "AL0200 块料踢脚线 彩釉砖 水泥砂浆" 一项，并非遗漏水泥砂浆黏结层定额项，而是因为该定额项已包含水泥砂浆黏结层的工作内容。

3) 楼梯的绘制

关闭 "定义" 对话框，在 "建模" 工作界面中选择构件 "LT-1"，画法选择 "点"。光标移至 2 轴与 C 轴交点，按住 "Shift" 键，单击鼠标左键，弹出 "请输入偏移值" 对话框，"X = ""Y = " 分别输入 "0""8000"。点击 "确定" 按钮，完成楼梯 LT-1 的绘制，如图 3-118 所示。

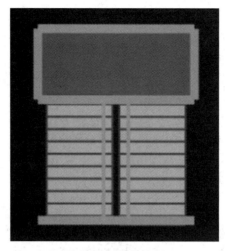

图 3-118　楼梯绘制

由于梯梁、平台梁及梯板的存在，楼梯无法布置在设计图纸所示位置。本书在此采用折中的方法，将其偏移至轴网之外且不影响其他工程量的位置，从而达到楼梯钢筋工程量与土建工程量同时计算的目的。

6. 汇总计算

点击"工程量"选项卡，在"汇总"面板中点击"汇总计算"命令，在弹出的"汇总计算"窗口中勾选"楼梯"，点击"确定"按钮，完成后在"报表"面板中点击"查看报表"命令。

1) 楼梯土建工程量

首层楼梯混凝土及模板清单工程量如表 3-16 所示。

表 3-16　楼梯清单汇总表

序　号	编　码	项目名称	单　位	工程量
实 体 项 目				
1	010506001001	楼梯 1. 混凝土种类：商品混凝土 2. 混凝土强度等级：C30	m³	14.67
措 施 项 目				
1	011702024001	楼梯 模板材质：复合模板	m²	29.45

2) 楼梯钢筋工程量

首层楼梯钢筋工程量如表 3-17 所示。

表 3-17　楼梯钢筋工程量汇总表

汇总信息	汇总信息钢筋工程量 /kg	构件名称	构件数量	HRB335	HRB400
板受力筋	93.8	PB2	1		46.9
		PB2	1		46.9
梁	240.562	TL2	2		83.29
		TL3	2		76.708
		PTL	4		80.564
柱	129.008	TZ-1	4		129.008
其他	164.234	ATb1	2	81.536	82.698

 知识拓展

组合楼梯就是使用单构件 (梯柱、梯梁、梯板、踏步段) 绘制的楼梯，每个构件都需要单独新建，单独绘制。

整体楼梯即通过参数化楼梯进行绘制，选择与图纸匹配的"参数化图形"，在"参数化图形"中输入梯梁、平台梁及平台板的相关信息，但梯柱仍需要单独新建和绘制，梯段的钢筋工程量仍需要表格输入法计算。

▶▶ 【课后练习】 ···

判断题

1. 根据《房屋建筑与装饰工程工程量计算规范》GB 50854—2013，现浇混凝土楼工程量按照"体积"计算。　　　　　　　　　　　　　　　　　　　　　　　（　　）

2. 整体楼梯的工程量中包含了梯柱的工程量。　　　　　　　　　　　　（　　）

3. 在绘制平台板时，为防止受到首层楼板的影响，应在"分层 2"绘制平台板。（　　）

4. 用单个构件绘制好组合楼梯后，利用参数化楼梯绘制计算楼梯混凝土工程量时，应在此处将参数化楼梯梯梁、梯板的钢筋布置清除。　　　　　　　　　　　（　　）

5. 在用单构件绘制平台梁及平台板时，需套用混凝土浇筑及模板做法。　（　　）

 任务八　基础层构件的工程量计算

任务说明

根据《宿舍楼施工图》，基础平面布置见附图 2"结施 -04，基础施工图"，地梁布置见附图 7"结施 -05，-0.65 标高地梁平法施工图"。

要求在规定时间内，在广联达 BIM 土建计量平台 GTJ2021 软件中完成基础层独立基

础、垫层、基础层柱、地梁、土方等模型建立工作，并得到相应的混凝土及钢筋清单工程量。

 任务分析

1. 准备资料

全套施工图、《房屋建筑与装饰工程工程量计算规范》GB 50584—2013、《混凝土结构施工图平面整体表示方法制图规则和构造详图》(16G101-1)、广联达 BIM 土建计量平台 GTJ2021 等。

2. 分析任务

1) 图纸识读

(1) 通过识读施工图附图 2 "结施-04"可知，本工程为坡形独立基础，混凝土强度等级为 C30，独立基础底标高为 −1.8 m。

(2) 通过识读施工图附图 2 "结施-04"可知，本工程基础垫层为 100 mm 厚的混凝土，顶标高为基础底标高，出边距离为各边 100 mm。

(3) 通过识读施工图附图 2 "结施-04"和附图 7 "结施 -05"可知，本工程地梁 (DL) 为连接构件，在 16G 图集中定义为基础联系梁 (JLL)，其顶标高为 −0.65 m，混凝土强度等级为 C30。地梁顶面至标高 ±0.000 墙体采用 M7.5 水泥砂浆砌筑 MU10 混凝土实心砖，双面各粉 25 厚 1∶2 防水水泥砂浆，内加 5% 防水剂。地梁底面均做 100 厚 C15 素混凝土垫层，每边宽出地梁 100 mm，地梁与基础之间用同强度等级混凝土填充。

(4) 通过识读施工图附图 1 "结构设计总说明"和附图 2 "结施 -04"可知，本工程土壤类别为二类土，独立基础的土方属于基坑土方，开挖深度为 1.9 m。根据定额可知，挖土方应考虑工作面为 300 mm，根据挖土深度需要放坡，放坡系数根据定额计算规则确定。

2) 现浇混凝土基础知识

独立基础、垫层、地梁、土方清单计算规则如表 3-18 所示。

表 3-18　独立基础、垫层、地梁、土方清单计算规则

编　号	项目名称	单位	计　算　规　则
010501003	独立基础	m³	按设计图示尺寸以体积计算，不扣除构件内钢筋、预埋铁件和伸入承台基础的桩头所占体积
010501001	垫层		
010503001	基础梁	m³	按设计图示尺寸以体积计算，伸入墙内的梁头、梁垫并入梁体积内 梁长：
010503002	矩形梁		1. 梁与柱连接时，梁长算至柱侧面 2. 主梁与次梁连接时，次梁算至主梁侧面
010101002	挖一般土方	m³	按设计图示尺寸以基础垫层底乘以挖土深度计算
010101004	挖基坑土方	m³	按设计图示尺寸以基础垫层底乘以挖土深度计算
010103001	回填方	m³	按设计图示尺寸以体积计算 1. 场地回填：回填面积乘以平均回填厚度 2. 室内回填：主墙间面积乘以回填厚度，不扣除间隔墙 3. 基础回填：按挖方清单项目工程量减去自然地坪以下埋设的基础体积 (包括基础垫层及其他构筑物)

任务实施

1. 独立基础的新建、绘制

独立基础新建及绘制基本流程：新建基础→做法套用→绘制构件→汇总计算并查看工程量。由于篇幅有限，此处以 J-1 为例。

对独立基础构件建模，需要切换到"建模"选项卡下，在左侧"导航栏"中点击"基础"→"独立基础"，如图 3-119 所示。

图 3-119　独立基础

1) 独立基础的新建

点击工具栏中"楼层选择"下拉菜单，切换楼层到基础层，如图 3-120 所示。

图 3-120　楼层切换

在"构件列表"中点击"新建"下拉菜单，选择"新建独立基础"命令，根据附图2"结施-04"基础施工图修改 J-1 的属性，名称为 J-1，底标高 (m) 为 -1.8，如图 3-121 所示。

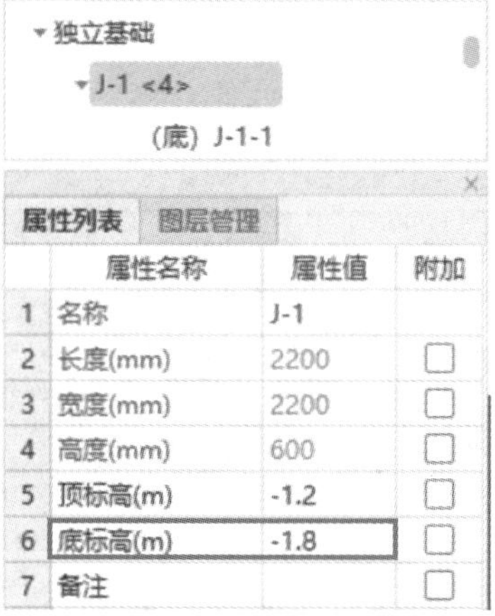

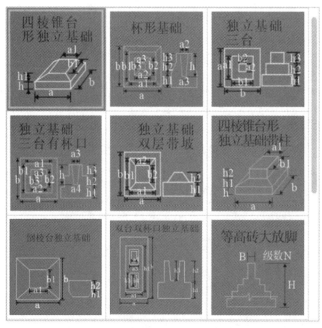

图 3-121　修改独立基础属性

将光标移到"J-1"上，单击鼠标右键弹出菜单，点击"新建参数化独立基础单元"，在弹出的对话框中选择需要的参数化图形，如图 3-122 所示。根据预览的大样图输入相应的参数值，截面长度 a(mm) 为 2200，截面宽度 b(mm) 为 2200，截面长度 a1(mm) 为 700，截面宽度 b1(mm) 为 750，高度 h(mm) 为 400，高度 h1(mm) 为 200。点击"确定"按钮，完成坡形独立基础的参数设置，如图 3-123 所示。

图 3-122　参数化独立基础单元截面选择

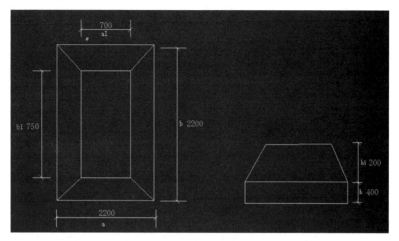

图 3-123　参数化独立基础单元相关参数

切换至属性编辑框，输入基础的钢筋信息，横向受力筋为 C12@100，纵向受力筋为 C12@100，"相对底标高"无须填写，钢筋信息如图 3-124 所示。

	属性名称	属性值	附加
1	名称	J-1-1	
2	截面形状	四棱锥台形独立基础	
3	截面长度(mm)	2200	
4	截面宽度(mm)	2200	
5	高度(mm)	600	
6	横向受力筋	Φ12@100	
7	纵向受力筋	Φ12@100	
8	材质	现浇混凝土	
9	混凝土强度等级	(C30)	
10	混凝土外加剂	(无)	
11	泵送类型	(混凝土泵)	
12	相对底标高(m)	(0)	
13	截面面积(m²)	4.84	

图 3-124　独立基础钢筋信息

小提示

(1) 一定注意楼层的切换，切忌未切换楼层就进行建模，从而导致返工。

(2) 建模时构件名称尽量与图纸保持一致，便于后续修改及核对。

(3) 注意核查基础底标高，基础单元新建完成，参数（高度）输入后基础顶标高会自动更改。

2) 独立基础的清单做法套用

添加本工程独立基础混凝土及模板的清单、定额子目。根据图纸信息套用独立基础清单及定额，并修改项目特征及工程量表达式。需要注意的是，此处做法套用需切换至基础单元进行，如图 3-125 所示。

	编码	类别	名称	项目特征	单位	工程量表达式	表达式说明
1	⊟ 010501003001	项	独立基础	C30	m3	TJ	TJ<体积>
2	AE0013	定	独立基础 商品混凝土C30		m3	TJ	TJ<体积>
3	⊟ 011702001001	项	基础	坡形独立基础	m2	MBMJ	MBMJ<模板面积>
4	AS0028	定	独立基础 复合模板		m2	MBMJ	MBMJ<模板面积>

图 3-125   立基础 J-1 做法

3) 独立基础的绘制

在"构件列表"中选择"J-1",可利用"绘图"面板中的"点"命令完成绘制。根据附图 2"结施 -04"确定独立基础 J-1 在轴网中的位置,在 1 轴与 D 轴交点位置按住"Shift"键再单击鼠标左键,出现"请输入偏移值"对话框,"X ＝""Y ＝"分别输入"－150""175",如图 3-126 所示。点击"确定"按钮,完成处于 1 轴与 D 轴交点位置 J-1 的布置。同理分别完成其余基础的绘制,如图 3-127 所示。

图 3-126   独立基础 J-1 位置确定

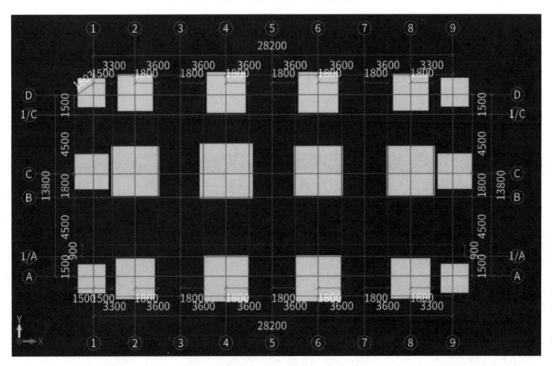

图 3-127   独立基础布置图

小提示

正交偏移量的计算方法。

正交偏移量的计算公式：

X 方向正交偏移量 = (图元位于中心点右侧长度 - 图元位于中心点左侧长度)/2；

Y 方向正交偏移量 = (图元位于中心点上部长度 - 图元位于中心点下部长度)/2。

以处于 1 轴与 D 轴交点位置 J-1 为例，中心点为 1 轴与 D 轴交点，J-1 位于中心点右侧长度为 950，位于中心点左侧长度为 1250，位于中心点上部长度为 1275，位于中心点下部长度为 925，则可计算出 X 方向正交偏移量 = (950 - 1250)/2 = -150，Y 方向正交偏移量 = (1275 - 925)/2 = 175。

4) 汇总计算

点击"工程量"选项卡，在"汇总"面板中点击"汇总计算"命令，在弹出的"汇总计算"窗口中勾选"基础层"，点击"确定"按钮，完成后在"报表"面板中点击"查看报表"命令。

(1) 独立基础土建工程量。基础层独立基础混凝土及模板清单工程量如表 3-19 所示。

表 3-19　独立基础清单汇总表

序　号	编　码	项目名称	单　位	工程量
实 体 项 目				
1	010501003001	独立基础 C30	m³	98.0757
措 施 项 目				
1	011702001001	基础 独立基础	m²	101.4

(2) 独立基础钢筋工程量。基础层独立基础钢筋工程量如表 3-20 所示。

表 3-20　独立基础钢筋工程量汇总表

汇总信息	汇总信息钢筋工程量 /kg	构件名称	构件数量	HRB335	HRB400
独立基础	3484.832	J-1	4		331.408
		J-2	2		272.32
		J-3	2		294.64
		J-4	4		706.656
		J-5	2		481.208
		J-6	2		978.408
		J-7	2		420.192

2. 垫层的新建、绘制

垫层绘制基本流程：新建垫层并定义属性→做法套用→绘制垫层→汇总计算并查看工

程量。由于篇幅有限，此处以独立基础垫层为例，其余垫层绘制方法同基础垫层。

对垫层构件建模，需要切换到"建模"选项卡下，在左侧"导航栏"中点击"基础"→"垫层"，如图 3-128 所示。

图 3-128　垫层

1) 垫层的新建

在"构件列表"中点击"新建"下拉菜单，选择"新建面式垫层"命令，根据附图 2"结施-04"基础施工图修改垫层属性，即厚度 (mm) 为 100，如图 3-129 所示。

	属性名称	属性值	附加
1	名称	DC-1	
2	形状	面型	
3	厚度(mm)	100	
4	材质	现浇混凝土	
5	混凝土强度等级	(C15)	
6	混凝土外加剂	(无)	
7	泵送类型	(混凝土泵)	
8	顶标高(m)	基础底标高	
9	备注		

图 3-129　垫层相关参数

2) 垫层的清单做法套用

参照前面操作，为垫层套取混凝土及模板做法，注意垫层混凝土等级，如图 3-130 所示。

	编码	类别	名称	项目特征	单位	工程量表达式	表达式说明
1	⊟ 010501001001	项	垫层	C15	m3	TJ	TJ<体积>
2	AE0005	定	垫层 商品混凝土C15		m3	TJ	TJ<体积>
3	⊟ 011702025001	项	其他现浇构件	基础垫层模板	m2	MBMJ	MBMJ<模板面积>
4	AS0027	定	基础垫层 复合模板		m2	MBMJ	MBMJ<模板面积>

图 3-130　垫层的做法套用

3) 垫层的绘制

在软件中提供了多种垫层的绘制方法，如点、直线、矩形、圆、弧、智能布置，此处只讲解智能布置方法。

在"建模"界面中点击"智能布置"，在下拉菜单中点击"独基"，移动光标到独立基础上，选中所有独立基础，单击鼠标右键，出现"设置出边距离"对话框，在该对话框输入"出边距离 (mm)：100"，点击"确定"按钮，完成垫层布置，如图 3-131 所示。

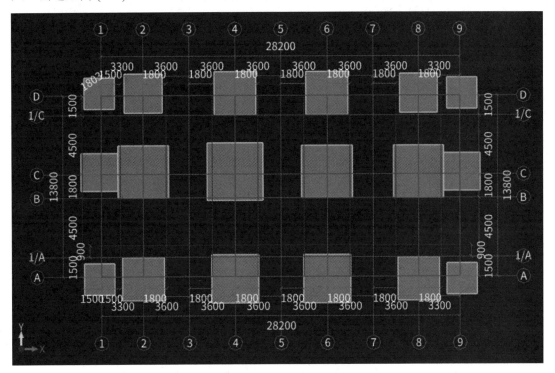

图 3-131　垫层布置完成图

4) 汇总计算

点击"工程量"选项卡，在"汇总"面板中点击"汇总计算"命令，在弹出的"汇总计算"窗口中勾选"基础层"，点击"确定"按钮，完成后在"报表"面板中点击"查看报表"命令。

独立基础垫层混凝土及模板清单工程量如表 3-21 所示。

表 3-21　独立基础垫层清单汇总表

序　号	编　码	项 目 名 称	单　位	工程量
实 体 项 目				
1	010501001001	垫层　C15	m^3	19.616

3. 基础层柱的新建、绘制

柱绘制基本流程：新建构件并定义属性→做法套用→绘制柱→汇总计算并查看工程量。

采用与前述框架柱绘制同样的方法，新建基础层框架柱并定义属性，完成做法套用，绘制基础层框架柱并完成工程量的汇总计算。由于篇幅有限，此处仅说明以下两个关键点，其余操作可参照前述方法完成。

(1) 切换楼层到基础层，在基础层进行操作，如图 3-132 所示。

(2) 注意"属性列表"中框架柱底标高和顶标高的修改，如图 3-133 所示。

图 3-132　楼层切换　　　　图 3-133　框架柱底标高、顶标高的修改

4. 地梁的新建、绘制

地梁绘制基本流程：新建构件并定义属性→做法套用→绘制构件→汇总计算并查看工程量。由于篇幅有限，此处以 DL1 为例。

1) 地梁的新建

点击工具栏中"楼层选择"下拉菜单，切换楼层到基础层。在左侧"导航栏"选择"梁"→"梁 (L)"，进入梁定义界面。在"构件列表"中点击"新建"下拉菜单，点击"新建矩形梁"命令，在"属性列表"中修改地梁信息。名称为 DL1，结构类型为基础联系梁，截面宽度 (mm) 为 300，截面高度 (mm) 为 650，箍筋为 C8@100/200，上部通长筋为 2C18，下部通长筋为 4C18，侧面构造筋为 6C12，起点顶标高、终点顶标高 (m) 均为 -0.65。在属性定义中需要特别注意结构类别的修改和起点顶标高、终点顶标高的修改，如图 3-134 所示。

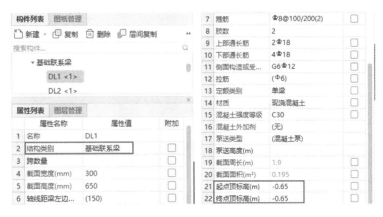

图 3-134   地梁的属性定义

2) 地梁的清单做法套用

参照前面操作, 为地梁套取混凝土及模板做法。根据附图 2 "结施 -04" 可知, 地梁底面均做 100 厚 C15 素垫层, 则地梁模板工程量只计算侧面, 注意工程量表达式的修改, 如图 3-135 所示。

	编码	类别	名称	项目特征	单位	工程量表达式	表达式说明
1	⊟ 010503002001	项	矩形梁	地梁 C30	m3	TJ	TJ<体积>
2	AE0037	定	矩形梁 商品混凝土C30		m3	TJ	TJ<体积>
3	⊟ 011702006001	项	矩形梁	地梁底面均做100厚C15素砼垫层	m2	CMMBMJ	CMMBMJ<侧面模板面积>
4	AS0044	定	矩形梁 复合模板		m2	MBMJ	MBMJ<模板面积>

图 3-135   地梁的做法套用

3) 地梁的绘制

地梁的绘制同前述框架梁, 地梁绘制完成后采用前述框架梁原位标注的方法完成地梁的原位标注, 并应用到同名梁, 如图 3-136 所示。

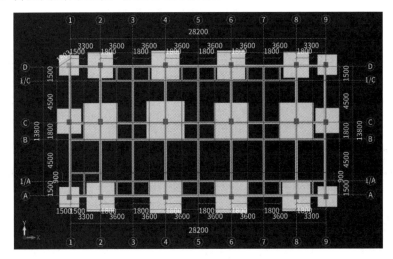

图 3-136   地梁绘制完成图

4) 汇总计算

点击"工程量"选项卡,在"汇总"面板中点击"汇总计算"命令,在弹出的"汇总计算"窗口中勾选"基础层",点击"确定"按钮,完成后在"报表"面板中点击"查看报表"命令。

(1) 地梁土建工程量。地梁混凝土及模板清单工程量如表 3-22 所示。

表 3-22   地梁清单汇总表

序 号	编 码	项目名称	单 位	工程量
实 体 项 目				
1	010503002001	矩形梁 (地梁) C30	m³	42.8904
措 施 项 目				
1	011702006001	矩形梁 (地梁)	m²	316.7452

(2) 地梁钢筋工程量。地梁钢筋工程量如表 3-23 所示。

表 3-23   地梁钢筋工程量汇总表

汇总信息	汇总信息钢筋工程量 /kg	构件名称	构件数量	HPB300	HRB400
梁	6225.125	DL1	1	11.865	349.62
		DL2	1		22.463
		DL3	1	11.865	348.434
		DL4	13		200.499
		DL5	3	22.2	786.804
		DL6	2	23.73	407.48
		DL7	1	11.865	332.624
		DL8	1	11.865	350.241
		DL9	1	24.069	650.379
		DL10	1	8.7	367.578
		DL11	1	1.566	56.82
		DL12	1	7.2	540.976
		DL13	1	24.069	686.831
		DL14	1	10.092	327.258
		DL15	1	24.069	603.963

5. 基坑土方的新建、绘制

基坑土方绘制基本流程:新建构件并定义属性→生成土方→做法套用→汇总计算并查看工程量。

1) 土方的新建

切换到"建模"选项卡下,在左侧"导航栏"中点击"基础"→"垫层",点击垫层二次编辑面板中"生成土方"命令,如图 3-137 所示,弹出"生成土方"对话框。

图 3-137　土方的定义

2) 土方的清单做法套用

参照前面操作，为土方套用做法，注意回填方和余方弃置清单项，做法套用如图 3-138 所示。

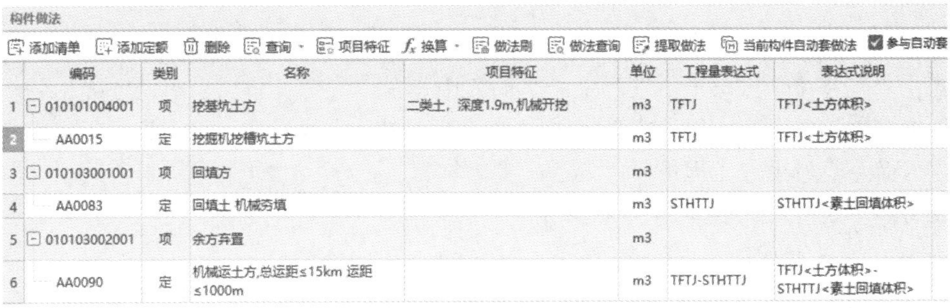

	编码	类别	名称	项目特征	单位	工程量表达式	表达式说明
1	010101004001	项	挖基坑土方	二类土,深度1.9m,机械开挖	m3	TFTJ	TFTJ<土方体积>
2	AA0015	定	挖掘机挖槽坑土方		m3	TFTJ	TFTJ<土方体积>
3	010103001001	项	回填方		m3		
4	AA0083	定	回填土 机械夯填		m3	STHTTJ	STHTTJ<素土回填体积>
5	010103002001	项	余方弃置		m3		
6	AA0090	定	机械运土方,总运距≤15km 运距≤1000m		m3	TFTJ-STHTTJ	TFTJ<土方体积>-STHTTJ<素土回填体积>

图 3-138　独立基础土方做法套用

3) 土方的绘制

在弹出的"生成土方"对话框中修改相关参数。工作面宽为 300 mm,放坡系数为 0.33, 生成方式为自动生成，如图 3-139 所示。点击"确定"按钮，完成独立基础的土方绘制， 且软件自动切换到"基坑土方 (K)"界面，如图 3-140 所示。

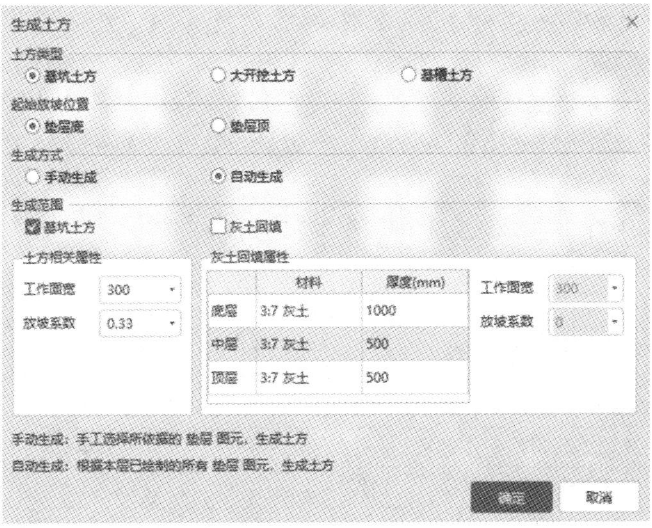

图 3-139　土方的参数修改

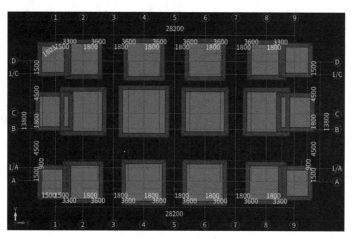

图 3-140   独立基础土方的生成

4) 汇总计算

点击"工程量"选项卡，在"汇总"面板中点击"汇总计算"命令，在弹出的"汇总计算"窗口中勾选"基础层土方"，点击"确定"按钮，完成后在"报表"面板中点击"查看报表"命令查看土方工程量。

土方清单工程量如表 3-24 所示。

表 3-24   土方清单汇总表

序 号	编 码	项目名称	单 位	工程量
实 体 项 目				
1	010101004001	挖基坑土方 二类土，深度 1.9 m，机械开挖	m³	481.7244

小提示

1. 基坑、基槽和一般挖土方的区别

根据《房屋建筑与装饰工程工程量计算规范》(GB 50854—2013)，沟槽、基坑和一般土方的划分：底宽不大于 7 m，底长大于 3 倍底宽的为沟槽；底长不大于 3 倍底宽且底面积不大于 150 m² 的为基坑；超出上述范围的为一般土方。

2. 工作面

基础施工所需工作面宽度计算如表 3-25 所示。

表3-25   基础施工工作面宽度计算表

基础材料	每边各增加工作面宽度 /mm
砖基础	200
浆砌毛石、条石基础	150
混凝土基础垫层支模板	300
混凝土基础支模板	300
基础垂直面做防水层	1000(防水层面)

3. 放坡系数

土方放坡系数如表3-26所示。

表3-26　放坡系数表

土类别	放坡起点/m	人工挖土	机械挖土		
			在坑内作业	在坑上作业	顺沟槽在坑上作业
一、二类土	1.20	1：0.5	1：0.33	1：0.75	1：0.5
三类土	1.50	1：0.33	1：0.25	1：0.67	1：0.33
四类土	2.00	1：0.25	1：0.10	1：0.33	1：0.25

 知识拓展

1. 认识基础梁

1) 什么是基础梁?

(1) 基础梁一般用于框架结构、框架剪力墙结构,框架柱落于基础梁上或基础梁交叉点上。

(2) 基础梁要承重,且置于地基上,受地基反力作用。

(3) 基础梁底标高与基础底标高相同,基础梁一般设置于筏形基础或钢筋砼条形基础中。

2) 基础梁的图集规范

16G101—3 图集规定了基础梁在图纸中的注写：基础主梁 (JL)、基础次梁 (JCL),如表 3-27 所示。

表 3-27　基础主梁 (JL) 与基础次梁 (JCL) 标注说明

集中标注说明：集中标注应在第一跨引出		
注写形式	表达内容	附加说明
JLxx(xB) 或 JCLxx(xB)	基础主梁或基础次梁编号,具体包括：代号、序号 (跨数及悬挑情况)	(xA)：一端有悬挑；(xB)：两端有悬挑；(x)：无悬挑仅注写跨数
b×h	截面尺寸,梁宽×梁高	当加腋时,用 b×h $Y_{c1 \times c2}$ 表示,其中 c_1 为腋长,c_2 为腋高
xx ϕ xx@xxx/ϕ xx@xxx(x)	第一种箍筋道数、强度等级、直径、间距／第二种箍筋 (肢数)	ϕ：HPB300；ϕ：HRB335；ϕ：HRB400；ϕ^R：RRB400
Bx ϕ xx；Tx ϕ xx	底部 (B) 贯通纵筋根数、强度等级、直径；顶部 (T) 贯通纵筋根数、强度等级、直径	底部纵筋应有不少于1/3贯通全跨；顶部纵筋全部贯通
Gx ϕ xx	梁侧面纵向构造钢筋根数、强度等级、直径	为梁两个侧面构造纵筋的总根数
(xxxx)	梁底面相对于筏板基础平板标高的高差	高者前加＋号,低者前加－号,无高差不注

原位标注 (含贯通纵筋) 的说明:		
注 写 形 式	表 达 内 容	附 加 说 明
x Φ xx x/x	基础主梁柱下与基础次梁支座区域底部纵筋根数、强度等级、直径、以及用 / 分隔的各排钢筋根数	为该区域底部包括贯通筋与非贯通筋在内的全部纵筋
x Φ xx(x)	附加箍筋总根数 (两侧均分)、强度等级、直径及肢数	在主次梁相交处的主梁上引出
其他原位标注	某部位与集中标注不同的内容	原位标注取值优先

从构造原理来讲，基础梁的受力是与框架梁相反的，钢筋构造详见 16G101—3 图集。基础梁的标注如图 3-141 所示。

(1) 先标注底部通长筋，后标注上部通长筋 (框架梁是先注上部，后注下部)；

(2) 基础梁的支座负筋是在底部 (框架梁是在梁的上部)；

(3) 基础梁箍筋有不同间距的布置范围 (框架梁分为加密和非加密)。

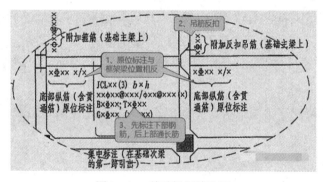

图 3-141　基础梁平法注写

3) 软件定义

基础梁是在软件基础选项中，用基础梁构件来定义，如图 3-142 所示。

图 3-142　基础梁软件定义

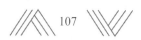

2. 认识基础联系梁

1) 什么是基础联系梁?

联系梁是联系构件之间的系梁,作用是增加结构的整体性,减小不均匀沉降,基础之间增设基础联系梁,将其连接为一体,以增大建筑物的横向或纵向刚度。

基础联系梁是连接独立基础、条形基础、桩基承台的梁;联系梁除承受自身重力荷载及上部的隔墙荷载作用外,不再承受其他荷载作用。

2) 基础联系梁的图集规范

16G101—1 图集规定了基础联系梁平法施工图制图规则。基础联系梁的平法施工图设计,系在基础平面布置图上采用平面注写方式表达。

基础联系梁注写方式及内容除编号外均按 16G101—1《混凝土结构施工图平面整体表示方法制图规则和构造详图(现浇混凝土框架、剪力墙、梁、板)》中非框架梁的制图规则执行。

3) 软件定义

基础联系梁在软件中定义时,结构类型选择基础联系梁,如图 3-143 所示。

图 3-143　基础联系梁在软件中的定义

3. 基础梁与基础联系梁的区别

1) 受力及作用

如果此梁为受力或承受板墙的压力,则在广联达软件中设为基础梁。

如果此梁为拉结构件,不承重,只为加强各构件整体性,则在广联达软件中设为基础联系梁。

2) 标高

基础梁底标高就是基础底标高,基础联系梁底标高要高于基础底标高,但在 ±0.000 以下。

3) 配筋及标注

基础梁也被称为"反梁",受力形式和标注与框架梁相反,基础联系梁属框架梁。在分辨不清楚其受力作用时,也可以按标注的位置区分。原位标注在梁的下部为基础梁,在基础梁里定义,原位标注在梁的上部为基础联系梁,在梁里定义。其他梁也可以按此区分,原位标注与框架梁位置一样,在梁里定义。

4) 按支座区分

以基础为支座的是基础梁;以柱为支座的是楼层/屋面框架梁或地框梁;以梁为支座的是非框架梁;以独基、条基、桩基础为支座的是基础联系梁;以承台为支座,直接替换桩上部承台构件的是承台梁,具体根据图纸综合考虑。

4. 绘制错误时的更改

点击选中绘制错误的梁,单击鼠标右键选择"构件转换"功能,再在对话框中选择要转换的梁类型,最后点击"确定"按钮完成,如图 3-144 所示。

图 3-144 构件转换

▶▶ 🎧【课后练习】 ···

多项选择题

1. 正交偏移量计算正确的是 (　　　)。

A. X 方向正交偏移量 =(图元位于中心点左侧长度 − 图元位于中心点右侧长度)/2

B. X 方向正交偏移量 =(图元位于中心点右侧长度 − 图元位于中心点左侧长度)/2

C. Y 方向正交偏移量 =(图元位于中心点上部长度 − 图元位于中心点下部长度)/2

D. Y 方向正交偏移量 =(图元位于中心点下部长度 − 图元位于中心点上部长度)/2

2. 垫层的绘制方法有 (　　　)。

A. 点　　　　　　　　　　　　B. 智能布置

C. 直线　　　　　　　　　　　D. 矩形

E. 镜像

3. 根据 16G101—3 图集规定,基础梁在图纸中的注写可以表示为 (　　　)。

A. L　　　　　　　　　　　　 B. KL

C. JL　　　　　　　　　　　　D. JCL

E. LL

4. 土方工程量的计算包括 (　　　)。

A. 平整场地　　　　　　　　　B. 挖基坑土方

C. 挖沟槽土方　　　　　　　　D. 挖一般土方

第 4 章　建筑工程量的计算

知识目标

1. 会识读砌体结构、门窗、洞口、圈梁、过梁、构造柱、装修、零星及其他工程等构件的图纸；

2. 掌握砌体结构、门窗、洞口、圈梁、过梁、构造柱、装修、零星及其他工程等构件的平法基本知识；

3. 掌握砌体结构、门窗、洞口、圈梁、过梁、构造柱、装修、零星及其他工程等构件的清单计算规则。

能力目标

1. 正确识读建筑施工图和结构施工图；

2. 利用 BIM 软件建立砌体结构、门窗、洞口、圈梁、过梁、构造柱、装修、零星及其他工程等构件的三维算量模型；

3. 汇总砌体结构、门窗、洞口、圈梁、过梁、构造柱、装修、零星及其他工程等构件的钢筋和混凝土工程量。

职业道德与素质目标

1. 遵守国家法律、法规和政策，执行行业标准规定；

2. 执行行业自律性规定，珍惜职业声誉，自觉维护国家和社会公共利益。

任务九　砌体结构的工程量计算

 **任务说明**

根据《宿舍楼施工图》，首层平面布置见附图 10 "建施 -03，一层平面图"。

要求在规定时间内，在广联达 BIM 土建计量平台 GTJ2021 软件中完成首层砌体墙的模型建立工作，并得到砌体墙的清单工程量。

任务分析

1. 准备资料

全套施工图、《房屋建筑与装饰工程工程量计算规范》GB 50584—2013、《混凝土结构施工图平面整体表示方法制图规则和构造详图》(16G101—1)、广联达 BIM 土建计量平台 GTJ2021 等。

2. 分析任务

1) 图纸识读

通过识读施工图附图 9 "建施 -01"，可以得到砌体墙的信息。建筑结构形式为钢筋混凝土框架结构，外墙 ±0.000 以下采用 200 厚 MU15 烧结页岩实心砖，M10 水泥砂浆砌筑；±0.000 以上外墙、楼梯间四周、卫生间、厨房等用水房间的墙采用 200 厚 MU10 烧结页岩多孔砖，M5 水泥砂浆砌筑。内墙均采用 200(100) 厚 MU10 烧结页岩空心砖，M5 混合砂浆砌筑。

2) 砌体墙基础知识

砌体墙清单计算规则如表 4-1 所示。

表 4-1　砌体墙清单计算规则

编号	项目名称	单位	计 算 规 则
010402001	砌体墙	m³	按设计图示尺寸以体积计算

 任务实施

砌体墙的新建及绘制基本流程：新建墙体并定义属性→做法套用→绘制墙体→调整墙体→汇总计算并查看工程量。

对砌体墙构件建模，需要切换到 "建模" 选项卡下，在左侧 "导航栏" 中点击 "墙"→"砌体墙"，如图 4-1 所示。

图 4-1　砌体墙

1. 砌体墙的新建

在"构建列表"中点击"新建"→"新建外墙"。根据附图 8 中"建施 -01 建筑设计说明"，输入砌体墙相关参数，名称为 200 外墙，厚度 (mm) 为 200，材质为烧结页岩多孔砖，砂浆类型及标号为 M5 水泥砂浆，如图 4-2 所示。同理分别新建 100 厚内隔墙和 200 厚内隔墙。

	属性名称	属性值	附加
1	名称	200外墙	
2	类别	砌体墙	☐
3	结构类别	砌体墙	☐
4	厚度(mm)	200	☐
5	轴线距左墙皮...	(100)	☐
6	砌体通长筋		☐
7	横向短筋		☐
8	材质	烧结多孔砖（横向孔）	☐
9	砂浆类型	(水泥砂浆)	☐
10	砂浆标号	(M5)	☐
11	内/外墙标志	(外墙)	☑
12	起点顶标高(m)	层顶标高	☐
13	终点顶标高(m)	层顶标高	☐
14	起点底标高(m)	层底标高+0.2	☐
15	终点底标高(m)	层底标高+0.2	☐

图 4-2　200 厚外墙属性定义

2. 砌体墙的清单做法套用

添加本工程砌体墙的清单、定额子目。根据图纸信息套用砌体墙清单及定额，并修改项目特征及工程量表达式，如图 4-3 所示。

	编码	类别	名称	项目特征	单位	工程量表达式	表达式说明
1	⊟ 010401004	项	多孔砖墙	200厚，烧结页岩多孔砖	m3	TJ	TJ<体积>
2	AD0029	定	多孔砖墙 烧结多孔砖 115×115×240 混合砂浆(细砂)M5		m3	TJ	TJ<体积>

图 4-3　砌体墙做法套用

3. 砌体墙的绘制

点击"构件列表"下的"200 外墙"，切换到绘图界面。在"绘图"面板中选择"直线"命令，根据附图 8"建施 -02"的一层平面图确定外墙在轴网中的位置。在 1 轴与 A 轴的交点位置单击鼠标左键，向上拖动光标，至 1 轴和 D 轴的交点位置单击鼠标左键，再单击鼠标右键，完成 1 轴外墙的绘制，如图 4-4 所示。使用同样的方法完成所有砌体墙的绘制，注意切换不同厚度的墙体进行绘制。

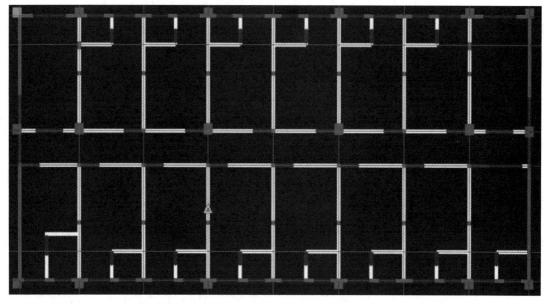

图 4-4　砌体墙的绘制

4. 砌体墙的调整

1) 对齐

对照附图 8"建施-02"的一层平面图不难看出，所画的很多墙体的位置与图样标注不一致，这时就要对这些墙体进行调整，将墙体与柱内侧对齐。

以 1 轴线为例，点击"修改"面板里的"对齐"→ 1 轴与 D 轴相交处 KZ3 的内边线→1 轴外墙内边线，这时 1 轴外墙内边与柱内边就对齐了，如图 4-5 所示，外墙也就移到了图样所示位置。重复以上操作，参照图纸附图 8"建施-02"，把剩余墙体均调整到图纸所示位置。

图 4-5　砌体墙的对齐调整

2) 延伸

墙体虽然移到了正确位置，但是墙体中心线并没有相交，这时应将墙体所有相交处延伸，使它们的中心线相交，以确保后续的计算结果准确无误。首先隐藏柱构件，在英文输入状态下按"Z"键或从菜单栏隐藏 (菜单栏→视图→显示设置)，这样就可以把所有柱子隐藏起来 (屏幕上不显示)。点击选中每段墙体，仔细观察墙体两端，可以发现墙体有很多地方需要延伸，如图 4-6 中的左边椭圆处。

以图 4-6 左下角墙角为例，依次点击"修改"面板里的"延伸"→ A 轴线上的外墙中心线 (墙中心线变粗) → A 轴线上的外墙→单击鼠标右键，结束操作；再依次点击 A 轴线上的外墙外边线→ A 轴线上的外墙→单击鼠标右键，结束操作，调整后如图 4-6 中的右边矩形框处所示。也可以将墙体延伸至墙外边线，但不能延伸至内边线。采用同样的方法，延伸其他部位墙体相交处。最后，按"Z"键将所有柱子显示出来。

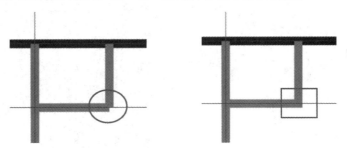

图 4-6　砌体墙的延伸调整

5. 汇总计算

点击"工程量"选项卡，在"汇总"面板中点击"汇总计算"命令，在弹出的"汇总计算"窗口中勾选"墙"，点击"确定"按钮，完成后在"报表"面板中点击"查看报表"命令。

砌体墙清单工程量如表 4-2 所示。

表 4-2　砌体墙清单汇总表

序号	编 码	项 目 名 称	单 位	工程量
实 体 项 目				
1	010401004001	多孔砖墙 200 厚，烧结页岩多孔砖	m³	32.543
2	010401005001	空心砖墙 200 厚，烧结页岩空心砖	m³	79.1793

需要注意的是，填充墙的准确工程量需在门窗洞口绘制完成后进行汇总统计。

知识拓展

通过识读附图 1 中"结施-02"，填充墙应沿框架柱、构造柱或钢筋混凝土边框之间墙高每隔 500 mm 于水平灰缝内设置直径为 A6 的拉结钢筋，墙厚不大于 100 mm 时设置 1 根，不大于 240 mm 时设置 2 根，大于 240 mm 时设置 3 根，拉结钢筋长度不小于墙长的 1/5 且不小于 700 mm，拉结钢筋应错开截断，相距不小于 200 mm，详见《西南 15G701—3》图集第 25 页。

1. 砌体加筋的新建

点击左侧"导航栏"下的"墙"，展开列表，点击"砌体加筋"按钮，进入砌体加筋定义界面。点击"新建"按钮，在弹出的参数化图形中选择"参数化截面类型"，并修改相关信息，如图 4-7 所示。

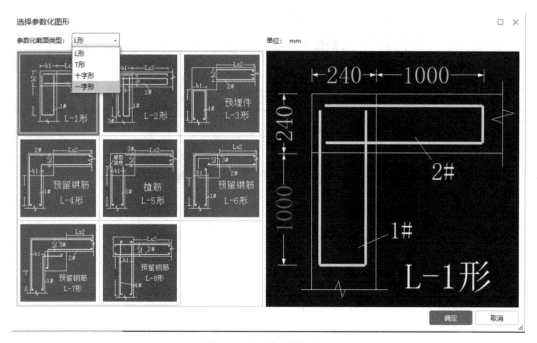

图 4-7　砌体加筋的新建

根据砌体加筋所在位置选择参数化图形，软件中有 L 形、T 形、十字形、一字形，适用于相应形状的砌体相交形式，可以根据工程结构设计说明以及平面图逐一新建。

2. 砌体加筋的绘制

1)"点"的方式布置

砌体加筋新建完成后，切换至绘图界面，在绘图区用"点"的方式分别绘制不同位置的砌体加筋。

2) 智能布置

点击"导航栏"下的"墙"，展开列表，选择"砌体加筋"，点击绘图区正上方"砌体

加筋的二次编辑"中的"生成砌体加筋",弹出"生成砌体加筋"对话框,如图4-8所示。

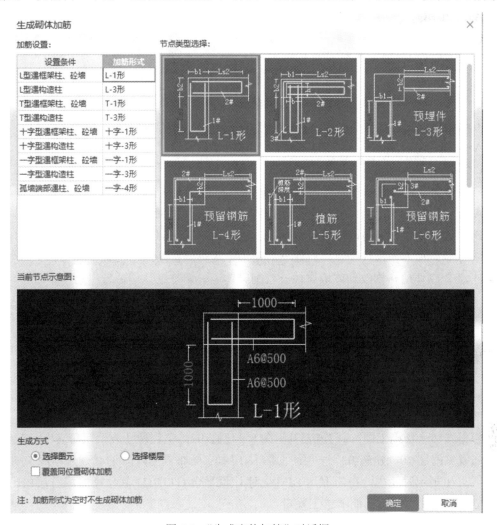

图4-8 "生成砌体加筋"对话框

结合工程实际情况选择相应的加筋形式,在每种加筋形式中选择相应的参数图,并输入相应的钢筋信息,设置完成后选择"按图元"或"按楼层"生成相应的砌体加筋。

▶▶ 【课后练习】 ....

单项选择题

1. 根据《房屋建筑与装饰工程工程量计算规范》GB 50854—2013,砌体墙工程量按照
( )计算。

A. 长度   B. 面积

C. 体积   D. 重量

2. 砌体墙构件显示与隐藏的快捷命令是（   ）。

A. Shift + Q   B. QTQ

C. Q   D. Ctrl + Q

3. 以下操作中，（   ）能使砌体墙边与柱边线平齐。

A. 延伸   B. 对齐

C. 镜像   D. 旋转

4. 墙体构件定义时需准确输入内墙、外墙、厚度、材质和（   ）。

A. 高度   B. 砂浆种类

C. 长度   D. 门窗洞口大小

5. 墙体手工建模的基本流程为（   ）。

A. 新建砌体墙→绘制砌体墙→修改砌体墙属性→调整砌体墙位置

B. 新建砌体墙→调整砌体墙位置→绘制砌体墙→修改砌体墙属性

C. 绘制砌体墙→修改砌体墙属性→新建砌体墙→调整砌体墙位置

D. 新建砌体墙→修改砌体墙属性→绘制砌体墙→调整砌体墙位置

任务十　门、窗洞口的工程量计算

任务说明

根据《宿舍楼施工图》，门窗表见附图 8 "建施-02，工程做法表及门窗表"，首层门窗平面布置见附图 10 "建施-03，一层平面图"，门窗立面布置见附图 11 "建施-07，立面图"。

要求在规定时间内，在广联达 BIM 土建计量平台 GTJ2021 软件中完成首层门窗的模型建立工作，并得到门窗的清单工程量。

任务分析

1. 准备资料

全套施工图、《房屋建筑与装饰工程工程量计算规范》GB 50584—2013、《混凝土结构施工图平面整体表示方法制图规则和构造详图》(16G101-1)、广联达 BIM 土建计量平台 GTJ2021 等。

2. 分析任务

1) 图纸识读

通过识读施工图附图 8 "建施-02"，可以得到门窗信息，如表 4-3 所示。识读施工图附图 10 "建施-03"，可知门窗布置的平面位置；识读施工图附图 11 "建施-07"，可知门窗立面布置情况。

表 4-3　门　窗　表

类型	设计编号	洞口尺寸 /mm	数量						备注
			合计	一层	二层	三层	四层	出屋面层	
门	FM-1	1500 × 2100	12	4	2	2	2	2	乙级防火门
	M-1	1500 × 2100	2	2	—	—	—	—	实木门
	M-2	1000 × 2100	56	14	14	14	14	—	实木门
	M-3	700 × 2100	55	13	14	14	14	—	套装百页木门
	M-4	1000 × 2100	1	1	—	—	—	—	套装百页木门
窗	C-1	1800 × 1350	9	3	2	2	2		铝合金推拉窗
	C-2	1200 × 1350	24	6	6	6	6	—	铝合金推拉窗
	C-3	1150 × 1350	8	2	2	2	2	—	铝合金推拉窗
	C-4	900 × 900	56	14	14	14	14	—	铝合金推拉窗
	C-5	1500 × 1350	6	—	2	2	2	—	铝合金推拉窗

2) 门窗基础知识

门窗清单计算规则如表 4-4 所示。

表 4-4　门窗清单计算规则

编号	项目名称	单位	计 算 规 则
010801001	木质门	m²/ 樘	1. 以樘计量, 按设计图示数量计算
010805002	旋转门	m²/ 樘	
010802003	钢质防火门	m²/ 樘	2. 以 m² 计量, 按设计图示洞口尺寸以面积计算
010807001	金属窗	m²/ 樘	

 任务实施

门窗洞口的新建及绘制基本流程：新建构件并定义属性→做法套用→绘制构件→汇总计算并查看工程量。

对门窗构件建模，需要切换到"建模"选项卡下，在左侧"导航栏"中点击"门窗洞"→"门"或"窗"，如图 4-9 所示。

1. 构件的新建

1) 门

在"构件列表"中点击"新建"→"新建矩形门"。以防火门 FM-1 为例，根据附图 8 "建施-02门窗表"、附图 10 "建施-03，一层平面图"、附图

图 4-9　门窗

11“建施-07，立面图”，在“属性列表”中输入门的相关参数，名称为FM-1，洞口宽度(mm)为1500，洞口高度(mm)为2100，如图4-10所示。同理可新建所有门并完成属性定义。

属性列表 图层管理

	属性名称	属性值	附加
1	名称	FM-1	
2	洞口宽度(mm)	1500	☐
3	洞口高度(mm)	2100	☐
4	离地高度(mm)	0	☐
5	框厚(mm)	60	☐
6	立樘距离(mm)	0	☐
7	洞口面积(m²)	3.15	☐
8	框外围面积(m²)	(3.15)	☐
9	框上下扣尺寸(...	0	☐
10	框左右扣尺寸(...	0	☐

图4-10 门的属性定义

2) 窗

在“构件列表”中点击“新建”→“新建矩形窗”。以C-1为例，根据附图8“建施-02，工程做法及门窗表”、附图10“建施-03，一层平面图”、附图11“建施-07，立面图”，在“属性列表”中输入门的相关参数，名称为C-1，洞口宽度(mm)为1800，洞口高度(mm)为1350，离地高度(mm)为950，如图4-11所示。编辑窗构件的属性时需要特别注意离地高度的修改。同理可新建所有窗并完成属性定义。

属性列表 图层管理

	属性名称	属性值	附加
1	名称	C-1	
2	类别	普通窗	☐
3	顶标高(m)	层底标高+2.3	☐
4	洞口宽度(mm)	1800	☐
5	洞口高度(mm)	1350	☐
6	离地高度(mm)	950	☐
7	框厚(mm)	60	☐
8	立樘距离(mm)	0	☐
9	洞口面积(m²)	2.43	☐
10	框外围面积(m²)	(2.43)	☐
11	框上下扣尺寸(...	0	☐
12	框左右扣尺寸(...	0	☐
13	是否随墙变斜	是	☐

图4-11 窗的属性定义

3) 洞口、门联窗、壁龛

洞口、门联窗、壁龛的创建与属性定义，其做法套用及绘制与门窗的操作基本一致，此处不再赘述。

2. 构件的清单做法套用

根据图纸信息套用门窗洞口清单及定额，并修改项目特征及工程量表达式，操作方法同前面任务。

3. 构件的绘制

门、窗、洞口等绘制方法基本一致，此处以一层门FM-1的绘制为例。

1) 点画绘制

点击选中"构件列表"里的"FM-1",在绘图面板中点击"点"命令,按照图纸中门所在位置将其点画在相应墙上。软件自动开启了"动态输入"的功能,左右尺寸用"Tab"键切换至输入框。1 轴线上门 FM-1 的绘制如图 4-12 所示。

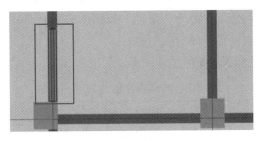

图 4-12   门的点布置

2) 智能布置

点击选中"构件列表"里的"FM-1",在智能布置面板中点击"智能布置"命令,在下拉菜单中选择墙段中点,选择要布置门的墙,单击鼠标右键确认,即可在此墙段的中点位置布置门。C 轴上 1-2 轴线间门 FM-1 的绘制如图 4-13 所示。

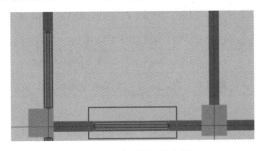

图 4-13   门的智能布置

3) 精确布置

点击选中"构件列表"里的"FM-1",在智能布置面板中点击"精确布置"命令,在绘图区域选择要绘制门的墙,单击鼠标左键在墙上选择插入点,在 8 轴与 C 轴的交点位置按住"Shift"键再单击鼠标左键,在"请输入偏移值"对话框中输入"X = 900,Y = 0",点击"确定"按钮,完成门 FM-1 的布置,如图 4-14 所示。

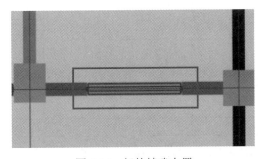

图 4-14   门的精确布置

需要注意的是，查看图纸，善用工具栏中的"复制""镜像"等功能完成其余门窗洞口的布置。

4. 汇总计算

点击"工程量"选项卡，在"汇总"面板中点击"汇总计算"命令，在弹出的"汇总计算"窗口中勾选"门窗"，点击"确定"按钮，完成后在"报表"面板中点击"查看报表"命令。

一层门窗清单工程量如表4-5所示。

表4-5　一层门窗清单汇总表

序　号	编　码	项目名称	单　位	工程量
实 体 项 目				
1	010801001001	木质门 M-1 1500×2100	m²	6.3
2	010801001002	木质门 M-2 1000×2100	m²	29.4
3	010801001003	木质门 M-3 700×2100	m²	19.11
4	010801001004	木质门 M-4 1000×2100	m²	2.1
5	010802003005	钢质防火门 FM-1 1500×2100	m²	12.6
6	010807001001	金属（塑钢、断桥）窗 C-1 1800×1350	m²	7.29
7	010807001002	金属（塑钢、断桥）窗 C-2 1200×1350	m²	19.44
8	010807001003	金属（塑钢、断桥）窗 C-3 1150×1350	m²	3.105
9	010807001004	金属（塑钢、断桥）窗 C-4 900×900	m²	11.34

知识拓展

在房屋建筑中，飘窗是很常见的窗类型，飘窗平面图如图4-15所示，飘窗立面图如图4-16所示，飘窗钢筋信息如图4-17所示。

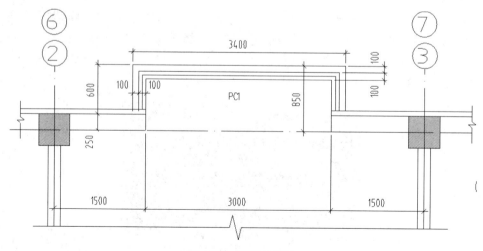

图4-15　飘窗平面图

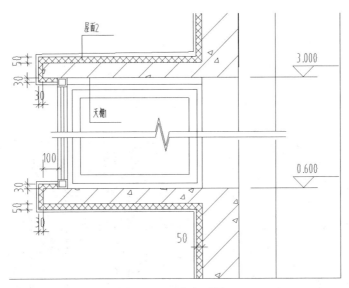

图 4-16　飘窗立面图

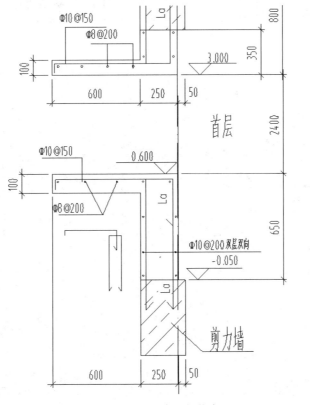

图 4-17　飘窗钢筋信息

1. 飘窗的新建

点击左侧"导航栏"下的"门窗洞",展开列表,双击"飘窗(X)"按钮,进入飘窗定义界面。点击"新建"按钮,在弹出的菜单里点击"新建参数化飘窗",根据图纸信息选择匹配的飘窗截面类型，如图 4-18 所示。然后根据飘窗平面图、立面图及钢筋信息修改相关属性值，如图 4-19 所示。

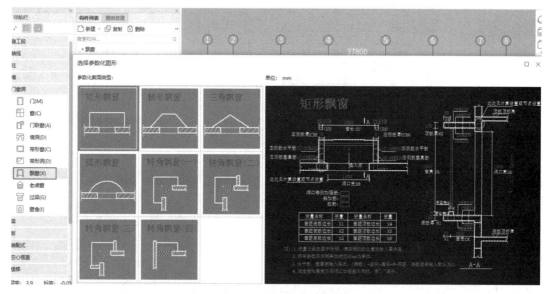

图 4-18　参数化截面类型

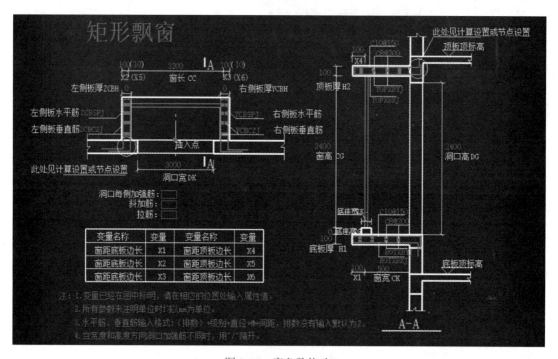

图 4-19　窗参数修改

2. 飘窗的清单做法套用、绘制及汇总计算

飘窗的清单做法套用、绘制及汇总计算参照矩形窗的方法，此处不再赘述。

▶▶ 【课后练习】 ···

一、判断题

1. 软件中门窗绘制与否不影响墙体工程量。　　　　　　　　　　　　（　　）

2. 软件中窗户默认离地高度为 900 mm。　　　　　　　　　　　　　（　　）

3. 软件中门窗必须绘制在墙体上。　　　　　　　　　　　　　　　　（　　）

二、多项选择题

1. 根据《房屋建筑与装饰工程工程量计算规范》GB 50854—2013，门窗工程量按照（　　）计算。

A. 长度　　　　　　B. 面积　　　　　　C. 体积　　　　　　D. 樘

2. 手工绘制门窗的方法有（　　）。

A. 点　　　　　　　B. 直线　　　　　　C. 智能布置　　　　D. 精确布置

任务十一　圈梁、过梁、构造柱的工程量计算

任务说明

根据《宿舍楼施工图》，圈梁、过梁、构造柱设置见附图 1 "结施 -02，结构设计说明二和结施 -03，结构设计说明三"。

要求在规定时间内，在广联达 BIM 土建计量平台 GTJ2021 软件中完成首层圈梁、过梁、构造柱的模型建立工作，并得到相应的清单工程量。

任务分析

1. 准备资料

全套施工图、《房屋建筑与装饰工程工程量计算规范》GB 50584—2013、《混凝土结构施工图平面整体表示方法制图规则和构造详图》(16G101-1)、广联达 BIM 土建计量平台 GTJ2021 等。

2. 分析任务

1) 图纸识读

(1) 圈梁。通过识读施工图附图 1 中的 "结施 -02" "结施 -03"，钢筋混凝土现浇带、构造柱、边框详图详见《西南 15G701-3》图集第 22 页。

① 墙体净高＞4 m 时在墙中设置现浇带，墙高超过 6 m 时沿墙高每 2 m 设置现浇带，详见《西南 15G701-3》图集第 27 页。

② 顶面无连接的悬臂填充墙，当高度较大时应在顶面设置现浇带，当长度较大时，

还应设置构造柱，详见《西南15G701-3》图集第30页。

③ 当填充墙有较大洞口 (大于2.1 m) 时，在窗洞口的顶面和底部、门洞口的顶面设置现浇带。洞口顶面现浇带钢筋伸入过梁中400 mm，并与过梁混凝土同时浇筑，详见《西南15G701-3》图集第28页。

④ 现浇带应与框架柱或构造柱拉结。

由《西南15G701-3》图集可知，抗震设防烈度为7度，当洞口尺寸大于1.5 m时，在窗洞口的顶面和底部、门洞口的顶面设置现浇带；当洞口尺寸大于2.1 m时，在洞口顶面和底面设置现浇带。本工程即需在C1(1800×1350) 的顶面和底部设置现浇带 (水平系梁带)。现浇带详图见附图1"结施-03"中"图十三"，如图4-20所示。

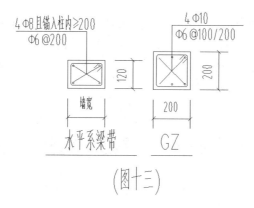

图4-20 水平系梁构造详图

(2) 过梁。通过识读施工图附图1"结施-03"可知，凡宽度大于300 mm的洞口上方均应设置钢筋混凝土过梁，当洞顶距梁底净高小于等于150 mm时，改用下挂板代替过梁，下挂板宜后浇 (详见附图1"结施-03"的"图十四")。当洞侧与柱距离小于过梁支承长度a时，柱、墙应在相应位置预留连接钢筋，具体设置要求详见图纸说明。根据附图11、附图1、附图4可知，本案例工程 h_0 = 层高 − 洞口高度 − 框架梁高度 = 0 mm，洞顶距梁底净高小于等于150 mm，即本工程采用下挂板代替过梁。

(3) 构造柱。通过识读施工图附图1"结施-03"可知，构造柱的设置位置为：

内墙：

① 填充墙构造柱设置部位：墙长大于5 m或者墙长大于2倍墙高时，在墙中设置构造柱，构造柱间距不大于20倍墙厚且不大于4 m；墙长大于墙高且无端柱时，墙端设置构造柱。

② 抗震设防地区的填充墙有较大洞口 (大于2.1 m) 时，洞口两侧应设置钢筋混凝土边框。

外墙：

① 内外墙交接处，外墙转角处设置构造柱，构造柱间距不大于2倍墙高。

② 端部无连接的悬端墙，应通长设置拉结钢筋。长度大于3倍墙厚时，还应在端部设置构造柱或边框，详见《西南15G701-3》图集第29页。

③ 宽度较小的窗间墙应设置混凝土构造柱或者边框，详见《西南15G701-3》图集第31页。

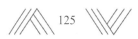

④ 洞口大于 3 m 时，窗裙墙或砌筑栏板中部应设置构造柱，构造柱中距小于2.5 m，详见《西南 15G701-3》图集第 30 页。

2) 圈梁、过梁及构造柱基础知识

圈梁、过梁及构造柱清单计算规则如表 4-6 所示。

表 4-6　圈梁、过梁及构造柱清单计算规则

编号	项目名称	单位	计 算 规 则
010503005	过梁	m^3	按设计图示尺寸以体积计算，伸入墙内的梁头、梁垫并入梁体积内
011702009	过梁模板	m^2	按模板与现浇混凝土构件的接触面积计算
010503004	圈梁	m^3	按设计图示尺寸以体积计算，伸入墙内的梁头、梁垫并入梁体积内
011702008	圈梁模板	m^2	按模板与现浇混凝土构件的接触面积计算
010502002	构造柱	m^3	按设计图示尺寸以体积计算 柱高：构造柱按全高计算，嵌接墙体部分 (马牙槎) 并入柱体积
011702003	构造柱模板	m^2	按模板与现浇混凝土构件的接触面积计算

 任务实施

圈梁、过梁及构造柱的新建及绘制基本流程：新建构件并定义属性→做法套用→绘制构件→汇总计算并查看工程量。

对圈梁构件建模，需要切换到"建模"选项卡下，在左侧"导航栏"中点击"梁"→"圈梁"，如图 4-21 所示。

图 4-21　圈梁

1. 圈梁

1) 圈梁的新建

在"构件列表"中点击"新建"→"新建矩形圈梁"。根据附图 1"结施 -03",在"属性列表"输入圈梁相关参数,名称为 QL-1(底部),截面宽度 (mm) 为 200,截面高度 (mm) 为 120,上部钢筋为 2A8,下部钢筋为 2A8,箍筋为 A6@200,特别注意起点顶标高、终点顶标高 (m) 均为 0.95,如图 4-22 所示。同理可新建 C1 顶部的水平系梁带。

2) 圈梁的清单做法套用

根据图纸信息套用圈梁清单及定额,并修改项目特征及工程量表达式,操作方法同前面任务。

3) 圈梁的绘制

(1) 圈梁的绘制方法同前述框架梁,用直线绘制,需要特别注意修改圈梁的绘制位置。绘制完成后如图 4-23 所示。

(2) 大多数情况采用自动生成圈梁的方式。切换至圈梁建模界面,在工具栏"梁的二次编辑"选项卡中选择"生成圈梁",弹出圈梁设置对话框;根据图纸输入圈梁相应信息,点击"确定"按钮,软件即自动生成圈梁。自动生成圈梁的设置如图 4-24 所示。

图 4-22   圈梁的属性定义

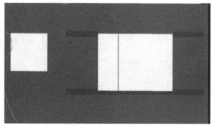

图 4-23   圈梁的绘制

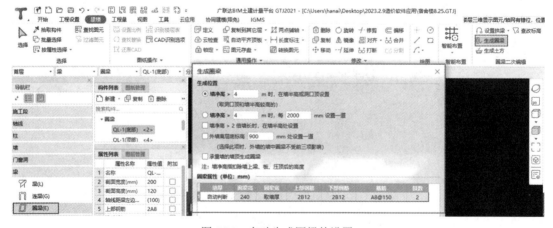

图 4-24   自动生成圈梁的设置

4) 汇总计算

点击"工程量"选项卡,在"汇总"面板中点击"汇总计算"命令,在弹出的"汇总计算"窗口中勾选圈梁,点击"确定"按钮,完成后在"报表"面板中点击"查看报表"命令。

一层圈梁清单工程量如表 4-7 所示。

表 4-7　圈梁清单汇总表

序　号	编　码	项 目 名 称	单　位	工程量
实 体 项 目				
1	010503004001	圈梁 水平系梁 C25	m^3	0.1321

2. 过梁

对过梁构件建模,需要切换到"建模"选项卡下,在左侧"导航栏"中点击"门窗洞"→"过梁",如图 4-25 所示。

图 4-25　过梁

1)过梁的新建

在"构件列表"中点击"新建"→"新建矩形过梁"。一般情况下,根据图纸在"属性列表"中输入过梁信息即可。由附图 11、附图 1、附图 4 可知,本案例工程 h_0 = 层高 - 洞口高度 - 框架梁高度 = 0 mm,洞顶距梁底净高小于等于 150 mm,采用下挂板代替过梁,如图 4-26 所示。由图纸信息可得,墙宽 b = 200 mm(已知),下部纵筋为 2C12,上部纵筋为 A6@200,开口箍筋为 A6@200。

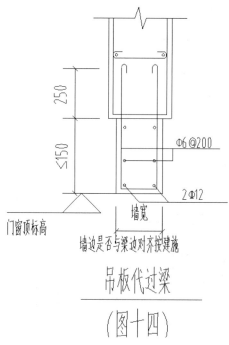

图 4-26　吊板代过梁

　　软件的很多构件可以处理下挂板，如圈梁、栏板、过梁等，建议用过梁来定义，方法如图 4-27 所示。用过梁来定义就是输入对应的信息，其中上部钢筋 A6 可以直接判断出为 2 根，正常处理应该用布置范围除以间距来确定排数，由图 4-27 可知下挂板厚度 150 mm 只有一排。

	属性名称	属性值	附加
1	名称	梁下吊板150	
2	截面宽度(mm)	200	☐
3	截面高度(mm)	150	☐
4	中心线距左墙...	(0)	☐
5	全部纵筋		☐
6	上部纵筋	2Φ6	☐
7	下部纵筋	2Φ12	☐
8	箍筋		☐
9	胶数	2	
10	材质	现浇混凝土	☐
11	混凝土强度等级	(C25)	☐
12	混凝土外加剂	(无)	
13	泵送类型	(混凝土泵)	
14	泵送高度(m)		
15	位置	洞口上方	☐
16	顶标高(m)	洞口顶标高	☐

图 4-27　下挂板属性定义

　　计算其他箍筋：按图纸分成弯钩、锚固长度、挂板内高度、宽度，计算方法如图 4-28

所示，开口箍筋的长度为 $(6.25 \times 6 + 250 + 150 - 20) \times 2 + 200 - 20 \times 2 = 995 \text{ mm}$。

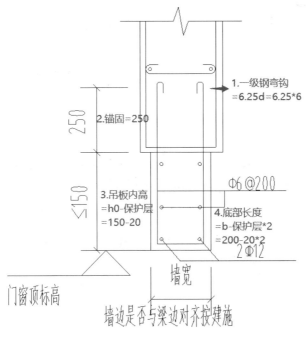

图 4-28　其他箍筋的计算

其他箍筋的属性定义如图 4-29 所示。

图 4-29　其他箍筋的属性定义

2) 过梁的清单做法套用

根据图纸信息套用过梁清单及定额，并修改项目特征及工程量表达式，操作方法同前面任务。

3) 过梁的绘制

(1) 过梁的绘制方法同前述框架梁，在绘图面板中用点命令绘制，需要特别注意过梁的绘制位置在门窗洞口处，绘制完成后如图 4-30 所示。

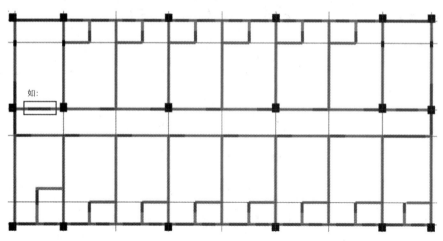

图 4-30　过梁的绘制

(2) 一般情况下,采用自动生成过梁的方式,操作方法类似圈梁。切换至"过梁建模"界面,在工具栏"梁的二次编辑"中选择"生成过梁",弹出"过梁设置"对话框,根据图纸输入过梁相应的信息,点击"确定"按钮,软件即自动生成过梁。自动生成过梁设置如图 4-31 所示。

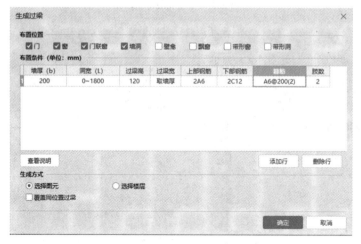

图 4-31　过梁的自动生成

4) 汇总计算

点击"工程量"选项卡,在"汇总"面板中点击"汇总计算"命令,在弹出的"汇总计算"窗口中勾选"梁",点击"确定"按钮,完成后在"报表"面板中点击"查看报表"命令。

一层过梁清单工程量如表 4-8 所示。

表 4-8　过梁清单汇总表

序　号	编　码	项 目 名 称	单　位	工程量
实 体 项 目				
1	010503005001	过梁 梁下吊板 150	m³	2.0318

3. 构造柱

对构造柱构件建模,需要切换到"建模"选项卡下,在左侧"导航栏"中点击"柱"→"构造柱",如图 4-32 所示。

图 4-32　构造柱

1) 构造柱的新建

在"构件列表"中点击"新建"→"新建矩形构造柱"。根据附图 1"结施 -03",在"属性列表"中输入构造柱的相关参数,名称为 GZ-1,截面宽度 (mm) 为 200,截面高度 (mm) 为 200,全部纵筋为 4B12,箍筋为 A6@200,参数设置如图 4-33 所示。

	属性名称	属性值	附加
1	名称	GZ-1	☐
2	类别	构造柱	☐
3	截面宽度(B边)(...	200	☐
4	截面高度(H边)(...	200	☐
5	马牙槎设置	带马牙槎	☐
6	马牙槎宽度(mm)	60	☐
7	全部纵筋	4Φ12	☐
8	角筋		☐
9	B边一侧中部筋		☐
10	H边一侧中部筋		☐
11	箍筋	Φ6@200(2*2)	☐
12	箍筋胶数	2*2	☐

图 4-33　构造柱的属性定义

2) 构造柱的清单做法套用

根据图纸信息套用构造柱清单及定额,并修改项目特征及工程量表达式,操作方法同前面任务。

3) 构造柱的绘制

(1) 点画。构造柱的点画方法同前述框架柱，在绘图面板中用点命令绘制，绘制完成后如图 4-34 所示。

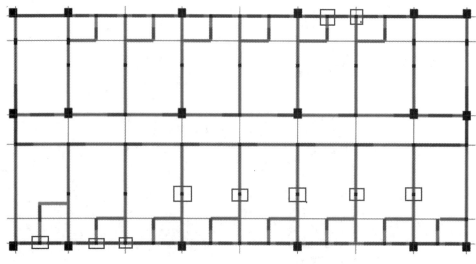

图 4-34　构造柱的绘制

(2) 自动生成。切换至构造柱建模界面，在构造柱二次编辑面板中点击"生成构造柱"命令，弹出构造柱设置对话框，根据图纸输入构造柱的相应信息，点击"确定"按钮，软件即自动生成构造柱。

4) 汇总计算

点击"工程量"选项卡，在"汇总"面板中点击"汇总计算"命令，在弹出的"汇总计算"窗口中勾选"柱"，点击"确定"按钮，完成后在"报表"面板中点击"查看报表"命令。

一层构造柱清单工程量如表 4-9 所示。

表 4-9　构造柱清单汇总表

序 号	编 码	项 目 名 称	单 位	工程量
实 体 项 目				
1	010502002001	构造柱 C25	m³	5.5958

 知识拓展

过梁是指设置在砌体墙上门洞或窗洞位置的横梁，用来承载洞口之上的荷载，并传递给墙体。

圈梁是指沿砌体墙水平方向设置的封闭状，按构造配筋的混凝土构件。圈梁能减少地基不均匀沉降对建筑物的破坏，与楼板、构造柱共同作用，增加建筑物的整体性和稳定性。其数量和位置与建筑物的高度、层数、地基情况以及地震强度有关。

圈梁在设置时必须连续封闭，如遇到门窗洞口时，可以采用增设附加圈梁的方式保持

圈梁的连续性。

过梁是分段设置的，根据过梁的类型，满足相应的跨度要求，圈梁可以兼作过梁，但过梁不能兼作圈梁。

构造柱是指为了提高建筑物砌体结构的抗震性能，在砌体墙适宜位置设置的钢筋混凝土柱，并与圈梁连接，增强建筑物的稳定性。

▶▶ ⊙【课后练习】··

一、单项选择题

1. 根据《房屋建筑与装饰工程工程量计算规范》GB 50854—2013，关于构造柱工程量的计算，下列说法错误的是 (　　)。

A. 按设计图示尺寸以长度计算

B. 按设计图示尺寸以体积计算

C. 按全高计算

D. 嵌入墙体部分 (马牙槎) 并入柱身体积

2. 关于圈梁、过梁的说法，正确的是 (　　)。

A. 增加结构整体性　　　　　　　B. 均可以作窗台使用

C. 圈梁必须封闭　　　　　　　　D. 两者可以兼用

二、多项选择题

1. 智能布置过梁时，可以选择以下哪些方式布置？(　　)

A. 按门窗位置　　　　　　　　　B. 按洞口宽度

C. 按飘窗　　　　　　　　　　　D. 自定义

E. 按墙体位置

2. 绘制构造柱的方法有 (　　)。

A. 点绘制　　　　　　　　　　　B. 按轴线智能布置

C. 自动生成构造柱　　　　　　　D. 直线绘制

E. 矩形绘制

任务十二　装修的工程量计算

📠 任务说明

根据《宿舍楼施工图》，工程做法表见附图 8 "建施 -02，工程做法表及门窗表"，首层平面布置见附图 10 "建施 -03，一层平面图"。

要求在规定时间内，在广联达 BIM 土建计量平台 GTJ2021 软件中完成首层装饰装修的模型建立工作，并得到相应的清单工程量。

 任务分析

1. 准备资料

全套施工图、《房屋建筑与装饰工程工程量计算规范》GB 50584—2013、《混凝土结构施工图平面整体表示方法制图规则和构造详图》(16G101-1)、广联达 BIM 土建计量平台 GTJ2021 等。

2. 分析任务

1) 图纸识读

通过识读施工图附图 8 "建施 -02"、附图 10 "建施 -03"，首层有 5 种装修类型的房间，分别为宿舍、值班室、楼梯间、走廊、卫生间；装修做法有地面 1、地面 2、地面 3、内墙 1、内墙 2、内墙 3、顶棚 1、顶棚 2、顶棚 3、外墙 1、外墙 2。

2) 装饰装修基础知识

装饰装修清单计算规则如表 4-10 所示。

表 4-10　装饰装修清单计算规则

编号	项目名称	单位	计 算 规 则
011102001	石材楼地面	m²	按设计图示尺寸以面积计算，门洞、空圈、暖气包槽、壁龛的开口部分并入相应的工程量内
011102003	块料楼地面	m²	按设计图示尺寸以面积计算，门洞、空圈、暖气包槽、壁龛的开口部分并入相应的工程量内
011105003	块料踢脚线	m²/m	1. 以 m² 计算，按设计图示长度乘高度以面积计算 2. 以 m 计算，按延长米计算
011407001	墙面喷刷涂料	m²	按设计图示尺寸以面积计算
011204003	块料墙面	m²	按镶贴表面积计算
011201001	墙面一般抹灰	m²	按设计图示尺寸以面积计算，扣除墙裙、门窗洞口及单个大于 0.3 m² 的孔洞面积，不扣除踢脚线、挂镜线和墙与构件交接处的面积，门窗洞口及孔洞的侧壁及顶面不增加面积。附墙柱、梁、垛、烟囱侧壁并入相应的墙面面积内
011407002	天棚喷刷涂料	m²	按设计图示尺寸以面积计算
011302001	吊顶天棚	m²	按设计图示尺寸以面积计算，天棚面中的灯槽及跌级、锯齿形、吊挂式、藻井式天棚面积不展开计算，不扣除间壁墙、检查口、附墙烟囱、柱垛和管道占面积，扣除单个大于 0.3 m² 的孔洞、独立柱及与天棚相连的窗帘盒所占的面积

任务实施

对装饰装修构件建模，需要切换到"建模"选项卡下，在左侧"导航栏"中点击"装修"→各个装饰构件，如图 4-35 所示。

图 4-35　装修

1. 室内装修

室内装修的新建及绘制基本流程：新建构件并定义属性→做法套用→组建房间并绘制房间→汇总计算并查看工程量。

1) 装修构件的新建

(1) 地面。在左侧"导航栏"中点击"装修"→"楼地面"，进入地面定义界面。在"构件列表"中点击"新建"→"新建楼地面"，根据附图 8"建施 -02，工程做法表"，在"属性列表"中输入楼地面相关参数，名称为地 1，块料厚度 (mm) 为 150，顶标高 (m) 为层底标高 +0.45，如图 4-36 所示。

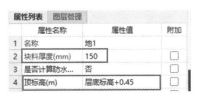

图 4-36　地 1 属性定义

(2) 内墙面。在左侧“导航栏”中点击“装修”→“墙面”,进入墙面定义界面。在“构件列表”中点击“新建”→“新建内墙面”，根据附图 8“建施 -02，工程做法表”，在“属性列表”中输入内墙面相关参数，如图 4-37 所示。

属性列表　图层管理

	属性名称	属性值	附加
1	名称	内1	
2	块料厚度(mm)	0	☐
3	所附墙材质	(程序自动判断)	☐
4	内/外墙面标志	内墙面	☑
5	起点顶标高(m)	墙顶标高	☐
6	终点顶标高(m)	墙顶标高	☐
7	起点底标高(m)	墙底标高	☐
8	终点底标高(m)	墙底标高	☐

图 4-37　内 1 属性定义

(3) 踢脚线。在左侧“导航栏”中点击“装修”→“踢脚”,进入踢脚定义界面。在“构件列表”中点击“新建”→“新建踢脚”，根据附图 8“建施 -02，工程做法表”，在“属性列表”中输入踢脚相关参数，名称为踢 1，高度 (mm) 为 150，起点底标高、终点底标高 (mm) 均为层底标高 +0.45，如图 4-38 所示。

属性列表　图层管理

	属性名称	属性值	附加
1	名称	踢1	
2	高度(mm)	150	☐
3	块料厚度(mm)	0	☐
4	起点底标高(m)	层底标高+0.45	☐
5	终点底标高(m)	层底标高+0.45	☐
6	备注		☐

图 4-38　踢 1 属性定义

(4) 天棚、吊顶。在左侧“导航栏”中点击“装修”→“天棚”,进入墙面定义界面。在“构件列表”中点击“新建”→“新建天棚”，根据附图 8“建施 -02，工程做法表”，在“属性列表”中输入天棚相关参数，名称为顶 1，如图 4-39 所示。同理新建顶 3。

属性列表　图层管理

	属性名称	属性值	附加
1	名称	顶1	
2	备注		☐
3	+ 土建业务属性		
7	+ 显示样式		

图 4-39　顶 1 属性定义

在左侧“导航栏”中点击“装修”→“吊顶”，进入吊顶定义界面。在“构件列表”中点击“新建”→“新建吊顶”，根据附图 8“建施 -02，工程做法表”，在“属性列表”中输入吊顶相关参数，名称为顶 2，离地高度 (mm) 为 2300，如图 4-40 所示。

	属性名称	属性值	附加
1	名称	顶2	
2	离地高度(mm)	2300	☐
3	备注		☐
4	⊞ 土建业务属性		
8	⊞ 显示样式		

图 4-40　顶 2 属性定义

2) 装修构件的清单做法套用

添加本工程室内装修的清单、定额子目。根据图纸信息套用室内装修构件清单及定额，并修改项目特征及工程量表达式。做法套用如图 4-41 所示。

	编码	类别	名称	项目特征	单位	工程量表达式	表达式说明
1	⊟ 011102003001	项	块料楼地面（地1）	1.10厚防滑地砖800 *800 ,水泥浆擦缝(规格、样式甲方定) 2.20厚1:2干硬性水泥砂浆结合层,上撒2厚干水泥并洒清水适量 3.20厚1:3水泥砂浆找平层 4 .水泥砂浆水灰比0.5结合层一道 5.100厚C15混凝土垫层6 .素土夯实,压实度≥93%	m2	KLDMJ	KLDMJ<块料地面积>
2	AL0122	定	地砖楼地面 ≤800mm×800mm 水泥砂浆		m2	KLDMJ	KLDMJ<块料地面积>
3	AL0066	定	平面砂浆找平层 水泥砂浆(特细砂) 厚度20mm 在混凝土及硬基层上 1:3		m2		
4	AE0005	定	垫层 商品混凝土C15		m3		

	编码	类别	名称	项目特征	单位	工程量表达式	表达式说明
1	⊟ 011105003001	项	块料踢脚线	1.10厚150高地砖面层(规格、样式甲方定) 2. 4厚纯水泥浆粘接层(425号水泥中掺20 %白乳胶) 3 :25厚1:2 5水泥砂浆基层	m2	TJKLMJ	TJKLMJ<踢脚块料面积>
2	AL0200	定	块料踢脚线 彩釉砖 水泥砂浆		m2	TJKLMJ	TJKLMJ<踢脚块料面积>

	编码	类别	名称	项目特征	单位	工程量表达式	表达式说明
1	⊟ 011407001001	项	墙面喷刷涂料（内1）	1.基层清理刷基层处理剂一道 2.9mm厚1:1:1.6水泥石灰砂浆打底扫毛 3.7 mm厚1:1:1.6水泥石灰砂浆垫层找平 4 5mm厚1:03:2 .5水泥石灰砂浆罩面磨光 5.3mm厚成品腻子膏面层磨平 6.白色无机装饰涂料，喷涂一底一面	m2	QMMHMJ	QMMHMJ<墙面抹灰面积（区分材质）>
2	AP0299	定	抹灰面油漆 乳胶漆 室内墙面 底漆一遍 面漆两遍		m2		
3	AP0334	定	满刮成品腻子膏 一般型(Y)		m2		

	编码	类别	名称	项目特征	单位	工程量表达式	表达式说明
1	⊟ 011407002001	项	天棚喷刷涂料（顶1）	1.基层处理 2.5厚1:3水泥砂浆打底 3.3厚1:25水泥砂浆找平 4. 白色无机装饰涂料，喷涂一底一面	m2	TPMHMJ	TPMHMJ<天棚抹灰面积>
2	AP0358	定	天棚面 砂胶涂料		m2		
3	AM0115	定	立面砂浆找平层 水泥砂浆(特细砂) 厚度13mm 1:2.5		m2		
4	AM0118	定	立面砂浆找平层 水泥砂浆(特细砂) 厚度每增减1mm 1:2.5		m2		

图 4-41　室内装修构件做法套用

3) 房间的组建及绘制

(1) 房间的建立。在左侧"导航栏"中点击"装修"→"房间",进入房间定义界面。在"构件列表"中点击"新建"→"新建房间",根据附图 8"建施 -02,工程做法表",在"属性列表"中修改房间名称,如图 4-42 所示。

图 4-42　新建房间

(2) 房间的组合。首层所有房间各部位的属性和做法都已完成,下面以宿舍为例,根据附图 8"建施 -02,工程做法表"来组建宿舍。

双击"构件列表"下的"宿舍",弹出"定义"对话框,点击左边"构件类型"下的"楼地面",点击"添加依附构件",软件会自动添加"地 1"。按照此方法,依次添加依附构件"踢脚 1""内 1""顶 1",这样房间"宿舍"就组合完成了,如图 4-43 所示。

图 4-43　房间的组合

采用相同的方法分别组建卫生间、值班室、楼梯间、走廊。

(3) 虚墙的新建与绘制。由于门洞的存在,各房间并不是独立的空间,为了便于各个房间装修布置,绘制虚墙将房间独立出来 (注意:虚墙不计工程量)。

① 虚墙的新建。切换到"建模"选项卡下,在左侧"导航栏"中点击"墙"→"砌体墙",

进入墙面定义界面。在“构件列表”中点击“新建”→“新建虚墙”，建立“Q-1”，并在“属性列表”中修改名称为虚墙，如图 4-44 所示。

属性列表　图层管理

	属性名称	属性值	附加
1	名称	虚墙	
2	类别	虚墙	☐
3	结构类别	砌体墙	☐
4	厚度(mm)	200	☐
5	轴线距左墙皮...	(100)	☐
6	内/外墙标志	(内墙)	☑
7	起点顶标高(m)	层顶标高	☐
8	终点顶标高(m)	层顶标高	☐
9	起点底标高(m)	层底标高+0.2	☐
10	终点底标高(m)	层底标高+0.2	☐
11	备注		☐

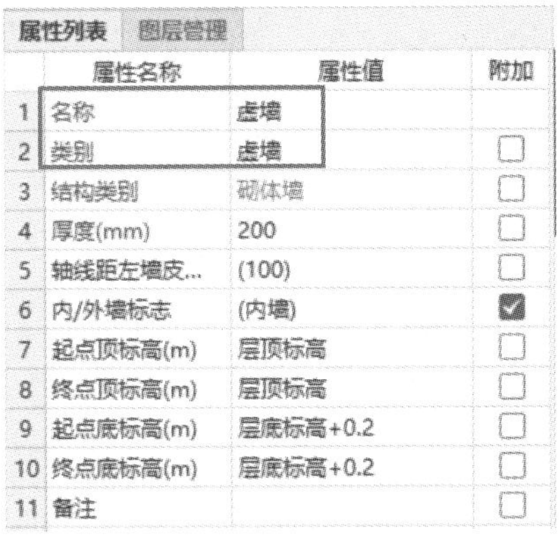

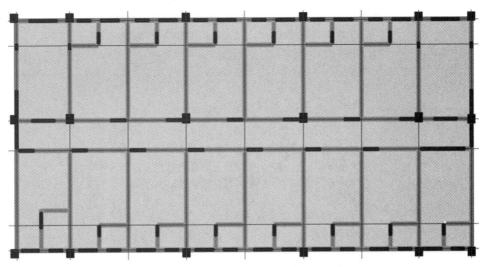

图 4-44　虚墙的定义

② 虚墙的绘制。虚墙的绘制方法同墙的绘制，用“直线”绘制的方法将虚墙绘制在门洞处。

(4) 房间装修的绘制。以宿舍为例，切换到“建模”选项卡下，在左侧“导航栏”中点击“装修”→“房间”，依次点击“构件列表”下的“宿舍”、绘图面板内的“点”命令、绘图区宿舍内任意一点，最后单击鼠标右键结束操作。采用相同的方法布置卫生间、楼梯间、值班室、走廊等房间的内部装修，布置完成后如图 4-45 所示。

图 4-45　房间的布置

4) 汇总计算

点击“工程量”选项卡，在“汇总”面板中点击“汇总计算”命令，在弹出的“汇总计算”窗口中勾选“装修”，点击“确定”按钮，完成后在“报表”面板中点击“查看报表”命令。

首层室内装修清单工程量如表 4-11 所示。

表 4-11　首层室内装修清单汇总表

序号	编码	项目名称	单位	工程量
		实 体 项 目		
1	011102003001	块料楼地面 (地 1) 1. 10 厚防滑地砖 800×800，水泥浆擦缝 (规格、样式甲方定) 2. 20 厚 1：2 干硬性水泥砂浆结合层，上撒 2 厚干水泥并洒适量清水 3. 20 厚 1：3 水泥砂浆找平层 4. 水泥砂浆水灰比 0.5 结合层一道 5. 100 厚 C15 混凝土垫层 6. 素土夯实，压实度≥93%	m²	313.3525
2	011102003001	块料楼地面 (地 2) 1. 8 厚防滑耐磨地砖，水泥砂浆擦缝 (规格、样式甲方定) 2. 20 厚 1：4 干硬性水泥砂浆结合层 3. 1 厚涤纶防水卷材 1 遍，泛水高 300(按饰面层计算) 4. 15 厚 1：3 水泥砂浆找平层 5. 40 厚 C20 细石混凝土配 A6@150 双向网 (抗压强度≥3 kg/cm) 6. LC7 S 轻骨料混凝土填充料 (厚度根据降板及装修成型面标高确定) 7. 1 厚涤纶防水卷材 1 遍，泛水高 300(按饰面层计算) 8. 20 厚 1：3 水泥砂浆找平层 9. 120 厚 C15 混凝土垫层 10. 素土夯实，压实度≥93%	m²	30.565
3	011407001001	墙面喷刷涂料 (内 1) 1. 基层清理刷基层处理剂一道 2. 9 mm 厚 1：1：1.6 水泥石灰砂浆打底扫毛 3. 7 mm 厚 1：1：1.6 水泥石灰砂浆垫层找平 4. 5 mm 厚 1：3：2.5 水泥石灰砂浆罩面磨光 5. 3 mm 厚成品腻子膏面层磨平 6. 白色无机装饰涂料，喷涂一底一面	m²	665.7995
4	011204003001	块料墙面 (内 2) 1. 基层处理 2. 9 厚 1：3 水泥砂浆分层压实抹平 3. 1 厚涤纶防水卷材 1 遍，高度至顶棚 4. 4 厚强力胶粉泥黏结揉挤压实 5. 6 厚釉面墙砖 (贴砖前要充分浸湿) 墙面满贴 (规格、样式甲方定) 6. 白水泥或专用勾缝剂擦缝	m²	174.1817

续表

序号	编码	项目名称	单位	工程量
5	011201001001	墙面一般抹灰（内 3） 1. 基层墙体 2. 素水泥浆一道甩毛（掺 5% 建筑胶） 3. 10 厚 1∶3 水泥砂浆打底扫毛 4. 10 厚防水砂浆层：两次成活	m²	70.491
6	011407002001	天棚喷刷涂料（顶 1） 1. 基层处理 2. 5 厚 1∶3 水泥砂浆打底 3. 3 厚 1∶25 水泥砂浆找平 4. 白色无机装饰涂料，喷涂一底一面	m²	299.2263
7	011302001001	吊顶天棚（顶 2） 1. 墙体基层 2. 15 厚 1∶2 水泥砂浆加 5% 的防水剂 3. A8 钢筋吊杆中距 900～1200 4. 次龙骨（专用），中距＜300～600 5. 300×300×1.2 铝合金扣板（吊顶高度≥2.4 m）	m²	30.365
8	011407002001	天棚喷刷涂料（顶 3） 1. 基层处理 2. 5 厚 1∶3 水泥砂浆打底 3. 3 厚 1∶25 水泥砂浆找平 4. 白色无机装饰涂料，喷涂一底一面	m²	28.7555

2. 室外装修

室外装修的新建及绘制基本流程：新建外墙面并定义属性→做法套用→绘制外墙面→汇总计算并查看工程量。

1) 外墙面的新建

在左侧"导航栏"中点击"装修"→"墙面"，进入墙面定义界面。在"构件列表"中点击"新建"→"新建外墙面"，以外墙面 1 为例，根据附图 8"建施 -02，工程做法表"，在"属性列表"中输入外墙面的相关参数，如图 4-46 所示。

	属性名称	属性值	附加
1	名称	外1	
2	块料厚度(mm)	30	☐
3	所附墙材质	(程序自动判断)	☐
4	内/外墙面标志	外墙面	☑
5	起点顶标高(m)	墙顶标高	☐
6	终点顶标高(m)	墙顶标高	☐
7	起点底标高(m)	墙底标高	☐
8	终点底标高(m)	墙底标高	☐

图 4-46　外 1 属性定义

2) 外墙面的清单做法套用

添加本工程外墙面装修的清单、定额子目。根据图纸信息套用外墙面装修构件清单及定额，并修改项目特征及工程量表达式。做法套用如图 4-47 所示。

	编码	类别	名称	项目特征	单位	工程量表达式	表达式说明
1	⊟ 011406001001	项	抹灰面油漆（外1）	1.基层墙体处理 2.7厚1:3水泥砂浆打底， 3. 13厚1:3水泥砂浆找平，两次成活， 4.3厚刮涂柔性耐水腻子 5.2厚涂刷封闭底漆（与面漆接近颜色） 6. 3厚外墙真石漆喷两遍，一底一面（颜色详立面引注或效果图） 7.2厚涂刷罩光清漆	m2	QMMHMJ	QMMHMJ<墙面抹灰面积（区分材质）>
2	AP0330	定	刮腻子 一遍		m2		
3	AP0314	定	抹灰面油漆 外墙抹灰面 真石漆		m2		
4	AM0116	定	立面砂浆找平层 水泥砂浆(特细砂) 厚度13mm 1:3		m2		

图 4-47　外 1 装修做法套用

3) 外墙面的绘制

点击左侧"导航栏"下的"装修"，展开列表，点击"墙面"，点击"构件列表"下的"外 1"，在"建模"界面下点击绘图面板内的"点"，依次绘制宿舍楼四周外墙的外边线，单击鼠标右键结束操作。绘制完成后的界面如图 4-48 所示。

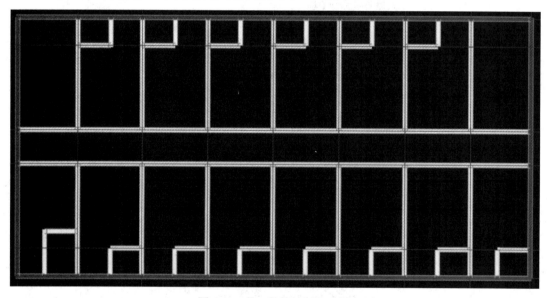

图 4-48　外 1 装修绘制完成图

4) 汇总计算

点击"工程量"选项卡，在"汇总"面板中点击"汇总计算"命令，在弹出的"汇总计算"窗口中勾选"装修"，点击"确定"按钮，完成后在"报表"面板中点击"查看报表"命令。首层室外外墙装修清单工程量如表 4-12 所示。

表 4-12　首层室外外墙装修清单汇总表

序号	编 码	项 目 名 称	单 位	工程量
实 体 项 目				
1	011406001001	抹灰面油漆 (外 1) 1. 基层墙体处理 2. 7 厚 1：3 水泥砂浆打底 3. 13 厚 1：3 水泥砂浆找平，两次成活 4. 3 厚刮涂柔性耐水腻子 5. 2 厚涂刷封闭底漆 (与面漆颜色接近) 6. 3 厚外墙真石漆喷两遍，一底一面 (颜色详立面引注或效果图) 7. 2 厚涂刷罩光清漆	m²	138.3005

知识拓展

在绘制房间时，要保证房间是封闭的，如不封闭，则使用虚墙将房间封闭。虚墙不计算工程量。

如有房间需要计算防水，则需在楼地面属性列表的"是否计算防水"中选择"是"，如图 4-49 所示。

图 4-49　楼地面属性列表

▶▶ **【课后练习】** ....

一、判断题

1. 手工绘制内部装修的思路是新建房间→布置房间→新建各装饰构件→添加依附构件。
　　　　　　　　　　　　　　　　　　　　　　　　　　　　　　（　　）

2. 如果需要软件计算防水工程量，楼地面属性列表中的"是否计算防水面积"需要设置为"是"。
　　　　　　　　　　　　　　　　　　　　　　　　　　　　　　（　　）

3. 绘制虚墙可以解决房间原本不封闭的问题。　　　　　　　　　　（　　）

4. 软件中无法修改外墙面装修的高度。　　　　　　　　　　　　　（　　）

二、多项选择题

1. 根据《房屋建筑与装饰工程工程量计算规范》GB 50854—2013，块料楼地面按设计图示尺寸以面积计算，以下要并入相应工程量的有 (　　)。

A. 门洞开口部分　　　　　　　B. 空圈开口部分

C. 暖气包槽开口部分　　　　　D. 壁龛开口部分

E. 空洞开口部分

2. 根据《房屋建筑与装饰工程工程量计算规范》GB 50854—2013，块料踢脚线的计量单位可以是 (　　)。

A. m　　　　　　　　　　　　B. m^2

C. m^3　　　　　　　　　　　D. mm

E. cm

任务十三　零星及其他构件的工程量计算

 **任务说明**

根据《宿舍楼施工图》，散水、台阶、排水沟、坡道等零星构件见附图 10 "建施 -03，一层平面图"。

要求在规定时间内，在广联达 BIM 土建计量平台 GTJ2021 软件中完成平整场地、建筑面积、雨篷、散水、台阶、排水沟等模型建立工作，并得到相应的清单工程量。

任务分析

1. 准备资料

全套施工图、《房屋建筑与装饰工程工程量计算规范》GB 50584—2013、《混凝土结构施工图平面整体表示方法制图规则和构造详图》(16G101-1)、广联达 BIM 土建计量平台 GTJ2021 等。

2. 分析任务

1) 图纸识读

(1) 通过识读建筑施工图，分析平面图可知，建筑面积分为楼层建筑面积和雨篷建筑面积两部分。

(2) 平整场地面积为建筑物首层建筑面积。

(3) 通过识读施工图附图 10、附图 5 "结施 -11" 可知，本工程雨篷为钢筋混凝土雨篷。

(4) 通过识读施工图附图 10 "建施 -03" 可知，本工程散水宽度为 800 mm，沿建筑物周围布置。

(5) 通过识读施工图附图 10 "建施 -03"可知，本工程排水沟宽度为 500 mm，沿建筑物散水外围布置。

(6) 通过识读施工图附图 10 "建施 -03"和附图 11 "建施 -07"可知，该工程的台阶、坡道和栏杆的相关信息。

2) 零星工程基础知识

零星工程清单计算规则如表 4-13 所示。

表 4-13　零星工程清单计算规则

编号	项目名称	单位	计算规则
010101001	平整场地	m²	按设计图示尺寸以建筑物首层建筑面积计算
011701001	综合脚手架	m²	按建筑面积计算
011703001	垂直运输	m²	按建筑面积计算
010505008	雨篷、悬挑板、阳台板	m³	按设计图示尺寸以墙外部分体积计算，包括伸出墙外的牛腿和雨篷反挑檐的体积
011702023	雨篷、悬挑板、阳台板	m²	按模板与混凝土构件的接触面积计算 按图示外挑部分尺寸的水平投影面积计算，挑出墙外的悬臂梁及板边不另计算
010507001	散水、坡道	m²	按设计图示尺寸以水平投影面积计算，不扣除单个小于 0.3 m² 的孔洞面积
011702029	散水	m²	按模板与散水的接触面积计算
010507004	台阶	m²/m³	1. 以 m² 计量，按设计图示尺寸以水平投影面积计算 2. 以 m³ 计量，按设计图示尺寸以体积计算
011702027	台阶	m²	按图示台阶水平投影面积计算，台阶端头两侧不另计算模板面积。架空式混凝土台阶，按现浇楼梯计算
010507003	电缆沟、地沟	m	按设计图示尺寸以中心线长度计算
011702026	电缆沟、地沟	m²	按模板与电缆沟、地沟的接触面积计算
040601016	金属扶梯、栏杆	m	按设计图示尺寸以长度计算

 任务实施

零星及其他构件的新建及绘制基本流程：新建构件并定义属性→做法套用→绘制构件→汇总计算并查看工程量。

1. 建筑面积

对建筑面积建模，需要切换到"建模"选项卡下，在左侧"导航栏"中点击"其它"→"建筑面积"，如图 4-50 所示。

图 4-50　建筑面积

1) 建筑面积的新建

在"构件列表"中点击"新建"→"新建建筑面积",在"属性列表"中修改名称为"建筑面积",如图 4-51 所示。

	属性名称	属性值	附加
1	名称	建筑面积	
2	底标高(m)	层底标高	☐
3	建筑面积计算…	计算全部	☐
4	备注		☐
5	⊞ 土建业务属性		
9	⊞ 显示样式		

图 4-51　建筑面积的定义

2) 建筑面积的清单做法套用

添加本工程建筑面积的清单、定额子目。根据图纸信息套用建筑面积清单及定额,并修改项目特征及工程量表达式。做法套用如图 4-52 所示。

	编码	类别	名称	项目特征	单位	工程量表达式	表达式说明
1	⊟ 011701001001	项	综合脚手架	1.建筑结构形式: 框架结构 2.檐口高度: 14.7m	m2	ZHJSJMJ	ZHJSJMJ<综合脚手架面积>
2	AS0008	定	综合脚手架 多层建筑(檐口高度)≤15m		m2	MJ	MJ<面积>
3	⊟ 011703001	项	垂直运输	1.建筑结构形式: 框架结构 2.建筑物檐口高度, 层数: 14.7m, 地上4层	m2	MJ	MJ<面积>
4	AS0116	定	垂直运输 檐高≤20m(6层) 现浇框架		m2		

图 4-52　建筑面积做法套用

3) 建筑面积的绘制

建筑面积属于面式构件，可以使用点绘制，也可以使用直线绘制。下面以直线绘制为例，沿着建筑外墙外边线进行绘制，形成封闭区域，单击鼠标右键结束即可，如图4-53所示。

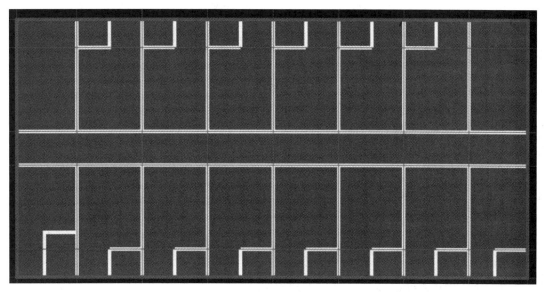

图 4-53　建筑面积的绘制

4) 汇总计算

点击"工程量"选项卡，在"汇总"面板中点击"汇总计算"命令，在弹出的"汇总计算"窗口中勾选"其它"，点击"确定"按钮，完成后在"报表"面板中点击"查看报表"命令。

综合脚手架、垂直运输清单工程量如表4-14所示。

表 4-14　综合脚手架、垂直运输清单汇总表

序号	编码	项目名称	单位	工程量
实 体 项 目				
1	011701001001	综合脚手架 1. 建筑结构形式：框架结构 2. 檐口高度：14.7 m	m²	397.6
2	011703001001	垂直运输 1. 建筑结构形式：框架结构 2. 建筑物檐口高度，层数：14.7 m，地上4层	m²	397.6

2. 平整场地

对平整场地建模，需要切换到"建模"选项卡下，在左侧"导航栏"中点击"其它"→"平整场地"，如图4-54所示。

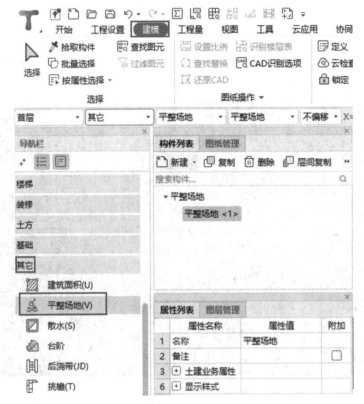

图 4-54　平整场地

1) 平整场地的新建

在"构件列表"中点击"新建"→"新建平整场地",在"属性列表"中修改名称为"平整场地",如图 4-55 所示。

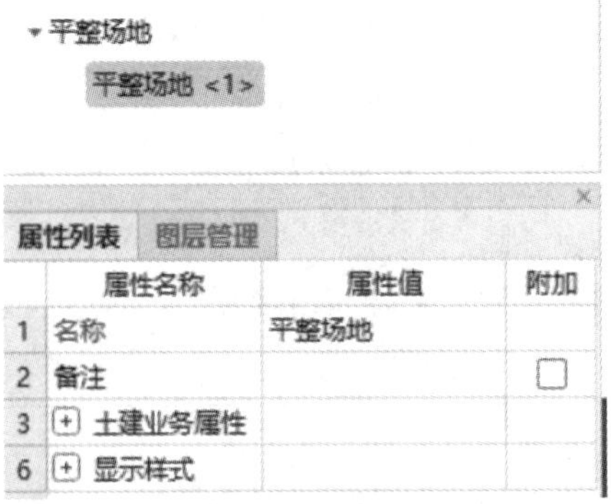

图 4-55　平整场地的定义

2) 平整场地的清单做法套用

添加本工程平整场地的清单、定额子目。根据图纸信息套用平整场地清单及定额,并修改项目特征及工程量表达式。做法套用如图 4-56 所示。

编码	类别	名称	项目特征	单位	工程量表达式	表达式说明
1	⊟ 010101001001	项	平整场地		m2	MJ	MJ<面积>
2	AA0001	定	平整场地		m2	MJ	MJ<面积>

图 4-56　平整场地做法套用

3) 平整场地的绘制

平整场地的绘制同建筑面积，平整场地的面积为首层建筑面积，如图 4-57 所示。

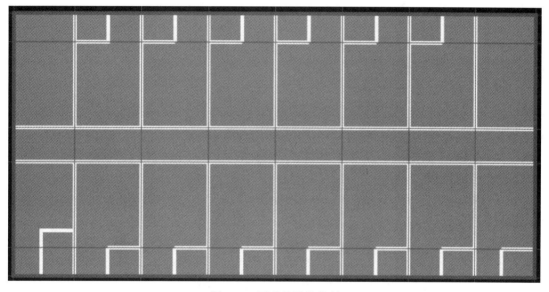

图 4-57　平整场地的绘制

4) 汇总计算

点击"工程量"选项卡，在"汇总"面板中点击"汇总计算"命令，在弹出的"汇总计算"窗口中勾选"其它"，点击"确定"按钮，完成后在"报表"面板中点击"查看报表"命令。

平整场地清单工程量如表 4-15 所示。

表 4-15　平整场地清单汇总表

序　号	编　码	项 目 名 称	单　位	工程量
实 体 项 目				
1	010101001001	平整场地	m^2	397.6

3. 雨篷

雨篷的绘制参考前述现浇板的绘制，前述已绘制的现浇板 B2 即为雨篷板，此处不再赘述。

4. 散水

对散水建模，需要切换到"建模"选项卡下，在左侧"导航栏"中点击"其它"→"散水"，如图 4-58 所示。

图 4-58　散水

1) 散水的新建

在"构件列表"中点击"新建"→"新建散水",在"属性列表"中修改散水相关参数,如图 4-59 所示。

	属性名称	属性值	附加
1	名称	散水	
2	厚度(mm)	160	☐
3	材质	现浇混凝土	☐
4	混凝土强度等级	C15	☐
5	底标高(m)	-0.45	☐
6	备注		☐
7	⊞ 钢筋业务属性		
10	⊞ 土建业务属性		
15	⊞ 显示样式		

图 4-59　散水的定义

2) 散水的清单做法套用

添加本工程散水的清单、定额子目。根据图纸信息套用散水清单及定额,并修改项目特征及工程量表达式。做法套用如图 4-60 所示。

	编码	类别	名称	项目特征	单位	工程量表达式	表达式说明
1	⊟ 010507001001	项	散水、坡道 (散水)	1.60厚C15砼提浆抹面 2.100厚碎砖(石、卵石)粘土夯实垫层 3.素土夯实	m2	MJ	MJ<面积>
2	AD0255	定	原土拌和辅料 人工夯实		m3	MJ	MJ<面积>
3	AD0232	定	楼地面垫层 碎砖 干铺		m3	MJ*0.1	MJ<面积>*0.1
4	AE0098	定	散水、坡道 商品混凝土C20		m3	MJ*0.06	MJ<面积>*0.06

图 4-60　散水做法套用

3) 散水的绘制

散水同样属于面式构件,可以使用直线绘制,也可以使用点绘制,这里介绍智能布置。

切换到"建模"选项卡下,在智能布置面板点击"智能布置"命令,在下拉菜单中选择"外墙外边线",在绘图区将建筑所有外墙选中,单击鼠标右键,弹出"设置散水宽度"对话框,在对话框中输入散水宽度"800",如图 4-61 所示,点击"确定"按钮,散水布置完成后如图 4-62 所示。

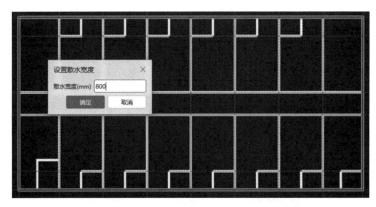

图 4-61　散水的绘制

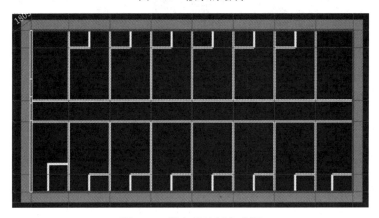

图 4-62　散水的绘制完成图

4) 汇总计算

点击"工程量"选项卡,在"汇总"面板中点击"汇总计算"命令,在弹出的"汇总计算"窗口中勾选"其它",点击"确定"按钮,完成后在"报表"面板中点击"查看报表"命令。

散水清单工程量如表 4-16 所示。

表 4-16　散水清单汇总表

序　号	编　码	项目名称	单　位	工程量
实体项目				
1	010507001001	散水、坡道(散水)	m²	70.4

5. 排水沟

排水沟的绘制可用集水坑代替绘制,也可用地沟代替绘制,还可用墙或板组合绘制,此处介绍地沟绘制。

对排水沟建模,需要切换到"建模"选项卡下,在左侧"导航栏"中点击"基础"→"地沟",如图 4-63 所示。

图 4-63　地沟

1) 排水沟的新建

在"构件列表"中点击"新建"→"新建参数化地沟",在弹出的参数化图形中根据图纸信息修改排水沟相关参数,如图 4-64 所示 (地沟底部垫层单独绘制或直接套用清单)。

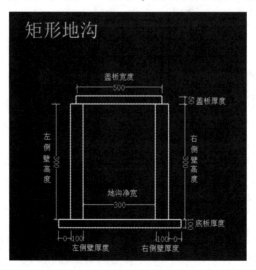

图 4-64　排水沟的定义

2) 排水沟的清单做法套用

添加本工程地沟的清单、定额子目。根据图纸信息套用地沟清单及定额，并修改项目特征及工程量表达式。做法套用如图 4-65 所示。

	编码	类别	名称	项目特征	单位	工程量表达式	表达式说明
1	⊟ 010507003001	项	电缆沟、地沟(排水沟)	1.100 厚C15砼暗沟 2.20厚防水砂浆沟内抹灰 3.100厚C15砼垫层 4.素土夯实	m	CD	CD<长度>
2	AD0255	定	原土拌和辅料 人工夯实		m3		
3	AE0104	定	电缆沟、地沟 商品混凝土C20		m3	CD*(0.5*0.4-0.3*0.3)	CD<长度>*(0.5*0.4-0.3*0.3)
4	⊟ 010501001001	项	垫层 (排水沟垫层)	100厚C15砼垫层	m3	CD*0.7*0.1	CD<长度>*0.7*0.1
5	AE0005	定	垫层 商品混凝土C15		m3		

图 4-65　地沟做法套用

3) 排水沟的绘制

切换到"建模"选项卡下，在绘图工具栏选择"直线"，在绘图区沿着建筑所有外墙绘制，布置完成后如图 4-66 所示。

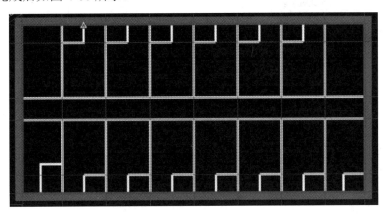

图 4-66　地沟的绘制

4) 汇总计算

点击"工程量"选项卡，在"汇总"面板中点击"汇总计算"命令，在弹出的"汇总计算"窗口中勾选"其它"，点击"确定"按钮，完成后在"报表"面板中点击"查看报表"命令。

排水沟清单工程量如表 4-17 所示。

表 4-17　地沟清单汇总表

序　号	编　码	项目名称	单　位	工程量
		实 体 项 目		
1	010507003001	电缆沟、地沟(排水沟) 1.100 厚 C15 砼暗沟 2.20 厚防水砂浆沟内抹灰 3.100 厚 C15 砼垫层 4.素土夯实	m	86.8

6. 台阶

以 1 轴左侧台阶为例，9 轴右侧台阶的绘制同理。

对台阶建模，需要切换到"建模"选项卡下，在左侧"导航栏"中点击"其它"→"台阶"，如图 4-67 所示。

图 4-67　台阶

1) 台阶的新建

在"构件列表"中点击"新建"→"新建台阶"，在"属性列表"中修改台阶相关参数。名称为台阶，台阶高度 (mm) 为 450，混凝土强度等级为 C15，顶标高 (m) 为 ±0.000。台阶参数设置如图 4-68 所示。

	属性名称	属性值	附加
1	名称	台阶	
2	台阶高度(mm)	450	☐
3	踏步高度(mm)	450	☐
4	材质	现浇混凝土	☐
5	混凝土强度等级	C15	☐
6	顶标高(m)	0	☐
7	备注		

图 4-68　台阶的定义

2) 台阶的清单做法套用

添加本工程台阶的清单、定额子目。根据图纸信息套用台阶清单及定额，并修改项目特征及工程量表达式。做法套用如图 4-69 所示。

	编码	类别	名称	项目特征	单位	工程量表达式	表达式说明
1	□ 010507004001	项	台阶	1.30厚火烧面花岗岩面层,背面刷建筑胶、缝宽5mm(规格甲方定) 2.30厚1:3水泥砂浆辅砌及灌封 3.80厚C15混凝土 4.120厚C15混凝土垫层 5.素土夯实、压实度>93%	m2	MJ	MJ<台阶整体水平投影面积>
2	AL0086	定	石材楼地面 花岗石 ≤800mm×800mm 水泥砂浆		m2	MJ	MJ<台阶整体水平投影面积>
3	AE0106	定	台阶 商品混凝土C20		m3	TJ	TJ<体积>
4	AE0005	定	垫层 商品混凝土C15		m3	TJ	TJ<体积>

图 4-69　台阶做法套用

3) 台阶的绘制

台阶同样属于面式构件,可以使用直线绘制,也可以使用点绘制,这里介绍直线绘制。首先绘制辅助轴线,绘制出台阶每阶的轮廓线。在左侧"导航栏"中点击"轴线"→"辅助轴线",在通用操作面板中选择"两点辅轴"下拉菜单,并点击"平行辅轴"命令,利用平行辅轴绘制台阶轮廓线。

点击左侧"导航栏"中"其它"→"台阶",在"构件列表"中选择"台阶"构件,进入台阶绘制界面,点击绘图面板"直线"命令,依次点击捕捉绘制辅助轴线形成的交点,形成闭合区域即可绘制台阶轮廓,如图 4-70 所示。在"台阶二次编辑"面板中,点击"设置踏步边"命令,如图 4-71 所示,用鼠标左键单击下方及左边轮廓线,鼠标右键确定,弹出"设置踏步边"窗口,输入时踏步个数为 3,踏步宽度为 300 mm,绘制完成后如图 4-72 所示。

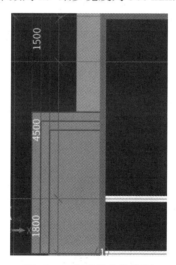

图 4-70　台阶轮廓的绘制

图 4-71　台阶设置踏步边

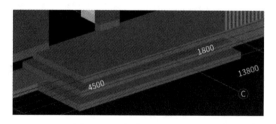

图 4-72 台阶绘制完成图

4) 汇总计算

点击"工程量"选项卡,在"汇总"面板中点击"汇总计算"命令,在弹出的"汇总计算"窗口中勾选"其它"→"台阶",点击"确定"按钮,完成后在"报表"面板中点击"查看报表"命令。

1 轴左侧台阶清单工程量如表 4-18 所示。

表 4-18 1 轴左侧台阶清单汇总表

序 号	编 码	项 目 名 称	单 位	工程量
实 体 项 目				
1	010507004001	台阶 1. 30 厚火烧面花岗岩面层,背面刷建筑胶、缝宽 5 mm(规格甲方定) 2. 30 厚 1:3 水泥砂浆铺砌及灌封 3. 80 厚 C15 混凝土 4. 120 厚 C15 混凝土垫层 5. 素土夯实、压实度大于93%	m²	5.445

7. 坡道

对坡道建模,需要切换到"建模"选项卡下,在左侧"导航栏"中点击"其它"→"台阶",如图 4-73 所示。

图 4-73 坡道

1) 坡道的新建

在"构件列表"中点击"新建"→"新建台阶",在"属性列表"中修改坡道相关参数,名称为坡道,台阶高度 (mm) 为 450,混凝土强度等级为 C15,顶标高为 ±0.000。坡道参数设置如图 4-74 所示。

	属性名称	属性值	附加
1	名称	坡道	
2	台阶高度(mm)	450	□
3	踏步高度(mm)	450	□
4	材质	现浇混凝土	□
5	混凝土强度等级	C15	□
6	顶标高(m)	0	□
7	备注		□

图 4-74　坡道的定义

小提示

软件中没有专门的"坡道"构件,需要采用"台阶"代画。

2) 坡道的清单做法套用

添加本工程台阶的清单、定额子目。根据图纸信息套用台阶清单及定额,并修改项目特征及工程量表达式。做法套用如图 4-75 所示。

	编码	类别	名称	项目特征	单位	工程量表达式	表达式说明
1	⊟ 010507001002	项	散水、坡道(坡道)	1.30厚火烧面花岗岩面层,背面刷建筑胶、缝宽5mm((规格甲方定))干石灰粗砂扫缝后洒水封缝 2.25厚干硬性水泥砂浆粘接层 3.80厚C15混凝土 4.100厚C15混凝土垫层	m2	MJ	MJ<台阶整体水平投影面积>
2	AE0005	定	垫层 商品混凝土C15		m3	TJ	TJ<体积>
3	AE0098	定	散水、坡道 商品混凝土C20		m3	TJ	TJ<体积>
4	AL0086	定	石材楼地面 花岗石 ≤800mm×800mm 水泥砂浆		m2	MJ	MJ<台阶整体水平投影面积>

图 4-75　坡道做法套用

3) 坡道的绘制

坡道的绘制方法同台阶,首先绘制辅助轴线,再绘制坡道轮廓线,绘制完成后如图 4-76 所示。

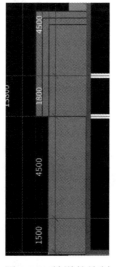

图 4-76　坡道的绘制

4) 汇总计算

点击"工程量"选项卡,在"汇总"面板中点击"汇总计算"命令,在弹出的"汇总计算"窗口中勾选"其它"→"台阶",点击"确定"按钮,完成后在"报表"面板中点击"查看报表"命令。

坡道清单工程量如表4-19所示。

表4-19　坡道清单汇总表

序　号	编　码	项目名称	单　位	工程量
实 体 项 目				
1	011107001002	散水、坡道(坡道) 1. 30厚火烧面花岗岩面层,背面刷建筑胶、缝宽5 mm(规格甲方定)干石灰粗砂扫缝后洒水封缝 2. 25厚干硬性水泥砂浆黏结层 3. 80厚C15混凝土 4. 100厚C15混凝土垫层	m²	10.8

8. 栏杆扶手

对栏杆扶手建模,需要切换到"建模"选项卡下,在左侧"导航栏"中点击"其它"→"栏杆扶手",如图4-77所示。

图4-77　栏杆扶手

1) 栏杆扶手的新建

在"构件列表"中点击"新建"→"新建栏杆扶手",在"属性列表"中修改相关参数,如图 4-78 所示。

	属性名称	属性值	附加
1	名称	900高不锈钢...	
2	材质	金属	☐
3	类别	栏杆扶手	☐
4	扶手截面形状	圆形	☐
5	扶手半径(mm)	25	☐
6	栏杆截面形状	矩形	☐
7	栏杆截面宽度(...	30	☐
8	栏杆截面高度(...	30	☐
9	高度(mm)	900	☐
10	间距(mm)	110	☐
11	起点底标高(m)	0	☐
12	终点底标高(m)	0	☐

图 4-78　栏杆扶手的定义

2) 栏杆扶手的清单做法套用

添加本工程栏杆扶手的清单、定额子目。根据图纸信息套用栏杆扶手清单及定额，并修改项目特征及工程量表达式。做法套用如图 4-79 所示。

	编码	类别	名称	项目特征	单位	工程量表达式	表达式说明
1	☐ 011503001001	项	金属扶手、栏杆、栏板	1.扶手材料种类、规格：D=50mm不锈钢圆扶手 2.栏杆材料种类、规格：D=30mm不锈钢管栏杆、竖条式	m	CDD	CDD<长度>
2	AQ0062	定	不锈钢管栏杆 栏板直线形 竖条式		m2	MJJ	MJJ<面积>
3	AQ0073	定	不锈钢管扶手		m	CDD	CDD<长度>

图 4-79　栏杆扶手做法套用

3) 栏杆扶手的绘制

栏杆扶手属于线式构件，使用直线绘制。在"建模"界面下，单击绘图面板中"直线"命令，沿坡道外边线绘制直线即可，绘制完毕单击鼠标右键确定，绘制完成如图 4-80 所示。

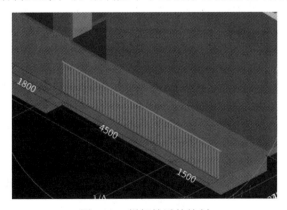

图 4-80　栏杆扶手的绘制

4) 汇总计算

点击"工程量"选项卡，在"汇总"面板中点击"汇总计算"命令，在弹出的"汇总计算"窗口中勾选"其它"，点击"确定"按钮，完成后在"报表"面板中点击"查看报表"命令。

栏杆扶手清单工程量如表 4-20 所示。

表 4-20　栏杆扶手清单汇总表

序　号	编　码	项 目 名 称	单 　位	工程量
		实 体 项 目		
1	011503001001	金属扶手、栏杆、栏板 1. 扶手材料种类、规格：D = 50 mm 不锈钢圆扶手 2. 栏杆材料种类、规格：D = 30 mm 不锈钢管栏杆、竖条式	m	10.8

知识拓展

　　一般情况下，平整场地是计算首层建筑面积，但当地下室面积大于首层建筑面积时，平整场地以地下室建筑面积为准。

　　当一层建筑面积计算规则不一样时，有几个区域就要建立几个建筑面积属性。

　　如果在封闭区域，台阶也可以使用点绘制。

　　绘制台阶轮廓线时可打开软件状态栏处的"正交""动态输入"辅助绘制，实时输入轮廓线的长度，可不用借助辅助线绘制轮廓线。"正交""动态输入"命令按钮如图 4-81 所示。

图 4-81　正交和动态输入

　　栏杆还可以采用智能布置的方式绘制。

【课后练习】

一、判断题

1. 台阶属性定义只给出台阶的顶标高。　　　　　　　　　　　　　　　　　　　　　(　　)

2. 智能布置散水的条件是外墙必须封闭。　　　　　　　　　　　　　　　　　　　　(　　)

3. 平整场地面积一定是首层建筑面积。　　　　　　　　　　　　　　　　　　　　　(　　)

二、多项选择题

1. 可以智能布置的构件有(　　　)。

A. 台阶　　　　　　　B. 散水　　　　　　　C. 栏杆　　　　　　　D. 坡道

E. 地沟

2. 台阶的绘制方法有(　　　)。

A. 点绘制　　　　　　B. 直线绘制　　　　　C. 矩形绘制　　　　　D. 三点画弧绘制

E. 智能布置

第 5 章 CAD 导图识别建模

知识目标

1. 了解 CAD 识别的基本原理；
2. 了解 CAD 识别的构件范围；
3. 了解 CAD 识别的基本流程；
4. 掌握 CAD 识别的具体操作方法。

能力目标

1. 理解 CAD 导图识别建模的优势；
2. 完成 CAD 导图识别建模；
3. 通过 CAD 识别建模计算建筑工程量。

职业道德与素质目标

1. 具备勇于开拓的事业心；
2. 具备对每个数据负责的高度责任心。

任务十四　CAD导图识别原理和识别流程

任务说明

前述章节已经详细讲述了利用广联达 BIM 土建计量平台 GTJ2021 软件手动绘制构件，建立模型算量的详细做法。虽然利用软件算量已经大大提高了算量速度，但是仍然需要算量人员按照图纸新建、绘制一个个构件。更加快速、高效的方法是采用 CAD 导图识别建立算量模型。

在规定时间内掌握 CAD 导图识别的原理和流程。

任务分析

1. 准备资料

全套施工图、《房屋建筑与装饰工程工程量计算规范》GB 50584—2013、广联达 BIM 土建计量平台 GTJ2021。

2. 分析任务

CAD 导图识别是将 CAD 图纸文件导入 GTJ2021 软件中，通过识别图纸来快速建立模型。需要理解 CAD 导图识别的原理，掌握导入图纸后图纸管理和图层管理操作，并掌握图纸识别流程。

任务实施

1. CAD 导图识别的原理

CAD 导图识别是算量软件根据建筑工程的制图规则，快速从 AutoCAD 图纸的内容中提取构件和图元，快速完成工程建模的方法。与使用手工画图的方法相同，需要先识别构件，然后根据图纸上构件的边线与标注的关系建立构件与图元之间的联系。

CAD 导图识别的效率取决于施工图纸的标准化程度，各类尺寸或配筋信息是否严格按照图层进行了区分，各类构件是否严格按照图层或颜色进行了区分，图纸标准方式是否按照制图标准进行了设置。

GTJ2021 软件提供了 CAD 导图识别的功能，可以识别 CAD 图纸文件，有利于快速完成工程建模，提高工作效率。

软件中 CAD 导图识别的功能可以识别多种文件类型，主要包括以下格式：dwg 文件、PDF 文件、DXF 文件、cadi2 文件和 gad 文件。

CAD 导图识别的效率，一方面取决于图纸的完整性和标准化程度，另一方面取决于造价人员对广联达 BIM 土建计量平台的熟练程度。CAD 导图识别可以快速建立三维的算量模型，但并不是所有构件都可以通过其识别来自动建模，如楼梯、飘窗、房间装饰及脚手架等构件，还是需要手动建模。CAD 导图能高效建模，而手动建模则可以把一些不能通过识别建模的构件进行补充，因此 CAD 导图与手动建模是相互补充的。

2. CAD 导图识别的构件范围和流程

1) GTJ2021 软件 CAD 导图识别的构件范围

(1) 构件类。构件类包括轴网，柱、柱大样，梁，墙、门窗、墙洞，板钢筋 (受力筋、跨板受力筋、负筋)，独立基础，承台，桩，基础梁。

(2) 表格类。表格类包括楼层表、柱表、门窗表、装修表、独基表。

2) CAD 导图识别的流程

CAD 导图识别计算工程量主要通过"新建工程→图纸管理→识别构件→构件校核"的方式，将 CAD 图纸中的线条和文字标注转换成广联达 BIM 土建计量平台中的基本构件图元 (如轴网、柱、梁、板等)，从而快速地完成构件—图元的模型建立操作，提高整体建模的效率。

CAD 导图识别的大体顺序如下：

(1) 新建工程项目，导入图纸，进行图纸管理。

(2) 识别楼层表，并进行相应的工程设置。

(3) 与手动绘制相同，先识别建立轴网，再识别其他构件。

(4) 识别构件，按照绘图类似的顺序，先识别竖向构件，再识别水平构件。

在进行实际工程的 CAD 导图识别时，软件的基本操作流程如图 5-1 所示。

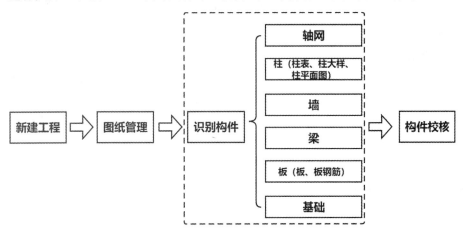

图 5-1　CAD 导图识别流程

GTJ2021 的识别流程：添加图纸→分割图纸→定位图纸→提取构件→识别构件。

识别构件的顺序：楼层信息表→轴网→柱→剪力墙→梁→板和板筋→基础→砌体墙和门窗。

识别过程与绘制构件类似，一般先首层再其他楼层，识别完一层的构件后，通过同样的方法识别其他楼层的构件，或者复制当前楼层的构件到其他楼层，最后汇总计算，输出报表。

3. 图纸管理

GTJ2021 软件提供了完整的图纸管理功能，能够对原电子图进行有效的管理，并随工程模型统一保存，可以提高算量的效率。在使用图纸管理功能时，其流程如图 5-2 所示。

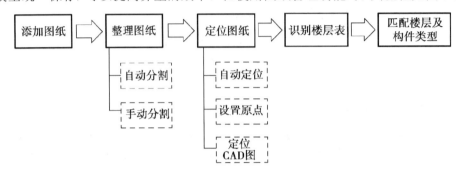

图 5-2 CAD 图纸管理流程

1) 添加与导入图纸

在"视图"选项卡下的"用户界面"中找到图纸管理模块，点击进入模块添加视图。点击"添加图纸"导入工程图纸。点击添加图纸的倒三角，下拉可以插入图纸，也可以使用保存图纸将当前的图纸再保存为 *.dwg 格式文件。插入 CAD 图之前必须保证工程里面有导入的图纸，不然"插入图纸"的命令是灰显的。

在图纸管理界面显示导入图纸后，可以修改名称，双击添加的图纸，在绘图区域显示导入的图纸文件内容。另外，可以在"建模"选项卡下，点击"CAD 操作"面板，对图纸进行设置比例、查找替换等操作。

2) 分割图纸

为了提高单个工程的多楼层、多构件的识别准确率，需要把各个楼层图纸单独拆分出来。可以使用图纸分割功能，分割后再在相应的楼层上分别选择图纸进行识别操作，这样可以提高识别的准确率。首先点击"图纸管理"，在"分割"下拉菜单中选择"自动分割"，软件会自动查找图纸边框线和图纸名称自动分割图纸，若找不到合适名称会自动命名；也可点击"图纸管理"，在"分割"下拉菜单中选择"手动分割"，然后在绘图区域拉框选择要分割的图纸，按照软件下方状态栏提示操作，分割完毕后会自动定位。如果发生不准确的情况还需要下一步手动定位。

3) 定位图纸

在找到图纸管理模块中的定位功能后，鼠标左键选中图纸中某个点，通过拖拽或旋转到对应轴网以完成手工定位，若手动无法定位成功，可在建模界面下方的动态输入中手动输入坐标点。

"定位图纸"的功能可用于不同图纸之间构件的重新定位。例如，先导入柱图并将柱图识别完成后，这时需要识别梁，然而导入梁图后，就会发现梁图与已经识别的图元不重合，此时就可以使用这个功能。添加图纸后，点击"定位"，在 CAD 图纸上选中定位基准

点，再选择定位目标点，或打开动态输入坐标原点 (0，0) 完成定位，快速完成所有图纸中构件的对应位置关系，如图 5-3 所示。若创建好了轴网，对整个图纸使用"移动"命令也可以达到定位图纸的目的。

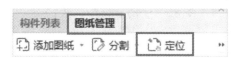

图 5-3　定位图纸

4) 删除图纸

若需要删除图纸，则可进入图纸管理模块，选择需要删除的图纸，可全选、多选、单选图纸。

4. 图层管理

在识别构件时，在"视图"选项卡下的"用户界面"面板选中"图层管理"模块，可进行"图层管理"命令控制的相关操作，如图 5-4 所示。

图 5-4　图层管理

在 CAD 导图识别过程中，如果需要对 CAD 图层进行管理，点击"图层管理"命令。通过此窗口，可控制"已提取的 CAD 图层"和"CAD 原始图层"的显示与关闭，如图 5-5 所示。

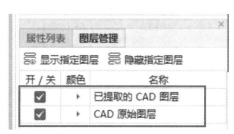

图 5-5　已提取图层和原始图层"开关"

"显示指定图层"，即显示选中的 CAD 图元所在的图层，可以利用此命令将其他图层的图元隐藏。

"隐藏指定图层"，即隐藏选中的 CAD 图元所在的图层，可以利用此命令将选中的 CAD 图元所在的图层进行隐藏，其他图层显示。

可通过此窗口中的工具栏管理实现选择同图层或是同颜色图元的功能，如图 5-6 所示。

图 5-6　图层颜色选择工具栏

知识拓展

图 纸 锁 定

为了避免识别时不小心误删 CAD 图纸，导入软件的 CAD 图纸默认是锁定状态。若要对其进行修改、删除、复制等操作，需要解除图纸锁定。

图纸锁定如图 5-7 所示。

图 5-7　图纸锁定

点击锁定列的"小锁"图标即可解锁，解锁后便可修改图纸，如图 5-8 所示，双击图中标注可以进行编辑。

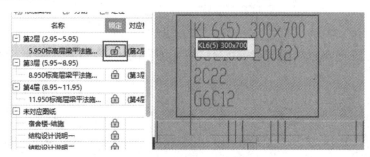

图 5-8　图纸解锁编辑

【课后练习】

判断题

1. CAD 导图识别的文件类型包括 PDF 文件。　　　　　　　　　　　　　　（　　）

2. CAD 导图识别的构件范围包括构件类、表格类、文字类。　　　　　　　（　　）

3. CAD 导图识别与手动绘制不同，需要先识别构件，再识别轴网。　　　　（　　）

4. 删除图纸，可进入图纸管理模块，选择需要删除的图纸，可全选、多选、单选图纸。

　　　　　　　　　　　　　　　　　　　　　　　　　　　　　　　　　（　　）

5. 所有构件都可以通过其识别来自动建模。　　　　　　　　　　　　　　　（　　）

任务十五　新建工程并导入图纸

任务说明

根据《宿舍楼施工图》的设计说明，工程的钢筋平法规则为《混凝土结构施工图平面整体表示方法制图规则和构造详图》16G101 系列，项目所在地为四川，采用房屋建筑与装饰工程计量规范计算规则 (2013- 四川) 和四川省建设工程工程量清单计价定额计算规则 (2020)。

要求在广联达 BIM 土建计量平台 GTJ2021 软件中新建工程导入 CAD 图纸，并在导入图纸后初步完成图纸处理。

任务分析

1. 准备资料

全套施工图、《房屋建筑与装饰工程工程量计算规范》GB 50584—2013、《混凝土结构施工图平面整体表示方法制图规则和构造详图》(16G101-1)、广联达 BIM 土建计量平台 GTJ2021 等。

2. 分析任务

新建工程完成设置后，导入图纸并进行图纸管理。首先需要查看图纸类型是否符合软件要求，本工程提供的是 dwg 格式的 CAD 图纸，满足软件使用要求。通过对图纸的查看分析可以发现：

(1) 结施图和建施图分别为一个 CAD 图纸文件，里面包括多个图纸，CAD 导图识别前需要对图纸进行分割；

(2) 图纸的比例存在问题，在图纸管理时需要注意比例设置。

任务实施

1. 新建工程

新建工程和工程设置操作与任务一和任务二的内容完全一致，这里不再赘述。

2. 导入"宿舍楼"工程图纸

建立工程完毕后,在"视图"选项卡下点击"用户界面"面板中的"图纸管理"模块,如图 5-9 所示。在"图纸管理"处选择"添加图纸"命令,在弹出的对话框中选择工程图纸"宿舍楼 - 结施"和"宿舍楼 - 建施",点击"打开",如图 5-10 所示,CAD 图纸即可添加到软件中。

图 5-9　图纸管理模块

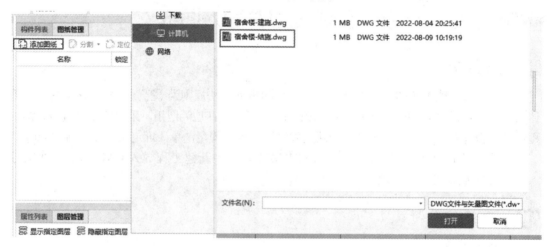

图 5-10　添加图纸

3. "宿舍楼 - 结施"图纸管理

添加图纸完成后,需要对图纸进行分割处理和比例设置,具体操作如下。

1) 分割"宿舍楼 - 结施"图纸

在软件中双击"宿舍楼 - 结施",切换到结施图。导入的 CAD 图纸文件中有多个图纸,需要通过"分割"功能将所需的图纸分割出来。点击"分割"下拉菜单的"自动分割"命令,如图 5-11 所示,软件即可将"宿舍楼 - 结施"CAD 图纸按图框线自动分割,如图 5-12 所示。

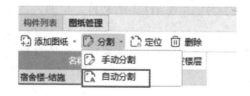

图 5-11　自动分割命令

图 5-12　分割后的图纸

　　若图纸无法自动分割，可采用手动分割命令。以附图 7 "结施 -05" 为例，点击 "图纸管理" 面板下的 "分割"，左键拉框选择 "−0.650 标高地梁施工图"，单击鼠标右键确定，弹出 "手动分割" 对话框，如图 5-13 所示。

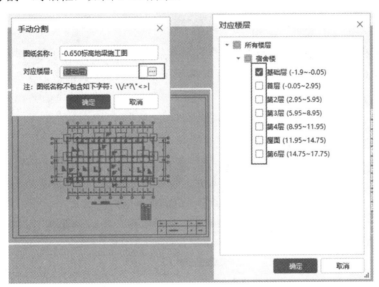

图 5-13　手动分割图纸

2) 设置比例

　　导入 CAD 之后，如果图纸比例与实际不符，则需要重新设置比例。在 "建模" 选项卡下，点击 "图纸操作" 面板中的 "设置比例" 命令，如图 5-14 所示。

图 5-14　设置比例命令

根据提示，利用鼠标选择 1 轴和 2 轴尺寸标注点，软件会自动量取两点之间的距离，并弹出图 5-15 所示的对话框。可以发现量取的距离 4290 与实际标注的 3300 不符，可在对话框中输入两点间实际标注尺寸 3300，点击"确定"按钮，软件即可自动调整图纸比例。

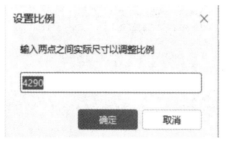

图 5-15　设置比例窗口

 知识拓展

图片管理

在实际工程中，需要参考 CAD 电子图或者蓝图，有 CAD 电子图时可以直接导入进行识别。没有 CAD 电子图的情况下，可以将蓝图拍照，导入软件中，参考图片来建模。

1) 导入图片

切换到"建模"选项卡下，在"图纸操作"面板中点击"图片管理"下拉菜单，点击"导入图片"命令，如图 5-16 所示。

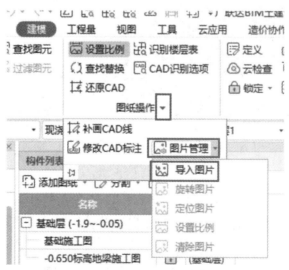

图 5-16　导入图片命令

软件自动弹出"导入图片"窗口，在电脑中找到存放图片的位置，选择要导入的图片，点击"打开"，通过鼠标选择插入点，即可将图片导入软件中，如图 5-17 所示。

图 5-17　导入图片窗口

2) 定位图片

在"图纸操作"面板中点击"图片管理"下拉菜单，点击"定位图片"命令，如图 5-18 所示。

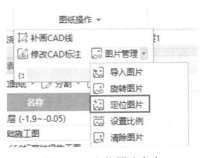

图 5-18　定位图片命令

鼠标左键点击或拉框选择图片，图片边框变为绿色。根据提示，使用鼠标左键先选择图片上的一个基准点，然后选择定位图片的目标点，即完成定位图片操作。

3) 设置比例

在"图纸操作"面板点击"图片管理"下拉菜单，点击"设置比例"命令，如图 5-19 所示。利用此功能可对图片比例进行调整，操作方法与"图纸管理"中的"设置比例"相同，此处不再赘述。

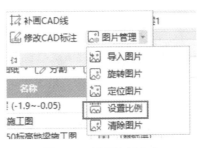

图 5-19　设置比例命令

4) 旋转图片

在"图纸操作"面板点击"图片管理"下拉菜单，点击"旋转图片"命令，如图5-20所示。

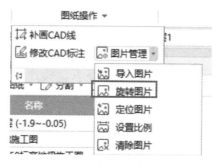

图 5-20　旋转图片命令

选择图中一张图片，此时图片外框绿色显示，先选择图片上的一个基准点，根据提示再选择第二点，以此确定图片的选择角度，如图5-21所示。

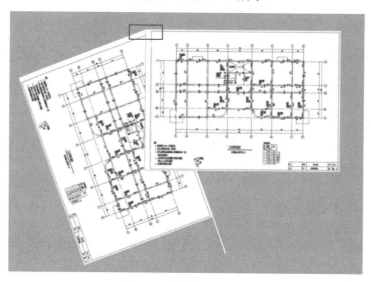

图 5-21　旋转图片操作

5) 清除图片

清除图片即删除图片。在"图纸操作"面板点击"图片管理"下拉菜单，点击"清除图片"命令，即可删除选中的图片。

▶▶ 📶【课后练习】 ···

判断题

1. 工程设置中的相关信息，可以在 CAD 图纸中进行识别提取。　　　　（　　）

2. 自动分割能一次将所有有图框的图纸分割开来。　　　　　　　　　（　　）

3.当图纸上的标注尺寸与实际测量不一样时，可以通过设置比例命令进行修改。（　　）

4.手动分割图纸时，可以将一个图纸对应到多个楼层。　　　　　　　　　（　　）

5.设置比例时输入的尺寸是图纸测量的两点距离。　　　　　　　　　　（　　）

任务十六　识别楼层及轴网

任务说明

根据《宿舍楼施工图》，工程总共有 4 层，施工图轴网为正交轴网。

要求在规定时间内，在广联达 BIM 土建计量平台 GTJ2021 软件中通过导入的 CAD 图纸，识别楼层信息完成楼层设置，并通过识别 CAD 图纸完成轴网的建立。

任务分析

1. 准备资料

全套施工图、《房屋建筑与装饰工程工程量计算规范》GB 50584—2013、《混凝土结构施工图平面整体表示方法制图规则和构造详图》(16G101-1)、广联达 BIM 土建计量平台 GTJ2021 等。

2. 分析任务

通过图纸识读，本工程的轴网为正交轴网，首先找到楼层表所在图纸并分析哪张图纸轴网最完整，一般轴网按照首层建筑图设置。

任务实施

1. 识别楼层

通过识别楼层表新建楼层需要提取"楼层名称""层底标高""层高"三项内容，具体操作步骤如下。

1) 找到楼层信息表

双击含有楼层信息表的 CAD 图（附图 7 "结施 -05，0.650 标高地梁平法施工图"），找到楼层表，并将其调整到适当大小，如图 5-22 所示。

2) 识别楼层信息表

在"建模"选项卡下，点击"CAD 操作"面板中的"识别楼层表"命令，如图 5-23 所示，鼠标左键拉框选择楼层信息表，单击鼠标右键确认。

结构层楼面标高表

楼层	层底标高	层高
屋 顶	14.750	
5 层	11.950	2.800
4 层	8.950	3.000
3 层	5.950	3.000
2 层	2.950	3.000
1 层	-0.050	3.000
基础层	-1.900	1.850

图 5-22　楼层表

图 5-23　识别楼层表

3) 整理识别的楼层信息表

在弹出的窗口中，先通过"删除列""删除行"命令整理楼层表，再核对"名称""底标高""层高"三项是否与图纸一致，若不一致，则需要点击下拉菜单调整对应关系，如图 5-24 所示。确定楼层信息无误后，点击"识别"按钮，弹出"楼层表识别完成"对话框，如图 5-25 所示，这样就可通过 CAD 识别将楼层表导入软件中。楼层设置的其他操作与任务二中的"楼层设置"相同。

图 5-24　调整楼层表

图 5-25　楼层表识别完成

2. 识别轴网

1) 找到轴网

双击"图纸管理"中首层"2.95 标高层结构板施工图"，将目标构件定位至"轴网"，如图 5-26 所示。

图 5-26　定位轴网

2) 提取轴线

点击"识别轴网"面板中的"识别轴网"命令,点击"提取轴线"命令,如图 5-27 所示。

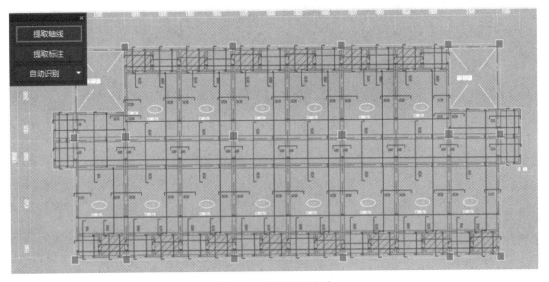

图 5-27　提取轴线命令

利用"单图元选择""按图层选择""按颜色选择"的功能点选或框选需要提取的轴线 CAD 图元,如图 5-28 所示。按"Ctrl + 左键"代表按图层选择,"Alt + 左键"代表按颜色选择。需要注意的是,不管在框中设置何种选择方式,都可以通过键盘来操作,优先实现选择同图层或同颜色的图元。

图 5-28　提取轴线的方法

选择任意一条轴线,所有轴线均被选中并高亮显示,单击鼠标右键确认,可以看见轴线消失,这代表提取成功。

3) 提取标注

点击"识别轴网"面板中的"提取标注"命令,选择任意一处的轴线标识,该图层的所有标识均被选中并高亮显示，单击鼠标右键确认，可以看见所有标注消失，这代表提取成功，如图 5-29 所示。有些轴线标识的内容未在同一图层内或未用同一颜色标注，就需要多次进行提取，直到将所有轴线标识全部提取出来。

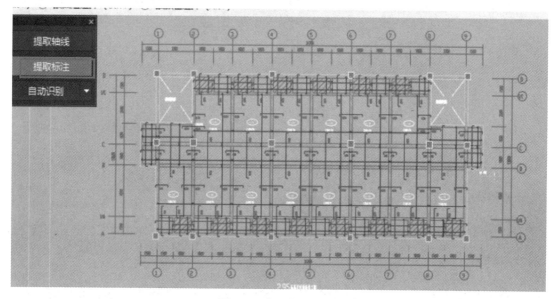

图 5-29　提取标注命令

提取后的图元存放在"已提取的 CAD 图层"，如图 5-30 所示。

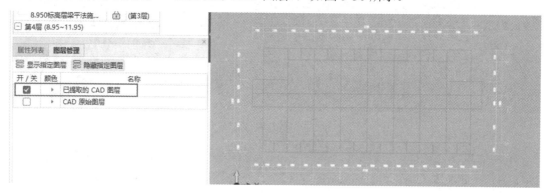

图 5-30　已提取的 CAD 图层

4) 识别轴网

提取轴线及标志后，进行识别轴网的操作。点击"自动识别"下拉菜单，出现 3 种轴网识别方法供选择，如图 5-31 所示。

自动识别：用于自动识别 CAD 图中的轴线。

选择识别：用于手动选择识别 CAD 图中的轴线。

识别辅轴：用于手动识别 CAD 图中的辅助轴线。

本工程采用"自动识别"，可快速识别出工程的轴网，如图 5-32 所示。识别轴网成功后，同样可利用"轴线"部分的

图 5-31　识别轴网的方法

功能对轴网进行编辑和完善。

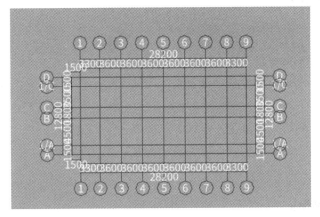

图 5-32　自动识别轴网

知识拓展

　　利用"识别楼层表"命令导入楼层表的原则,需要楼层设置中只存在"首层"和"基础层",并且未手动设置其他楼层;否则,软件会弹出"将删除当前已有楼层,是否继续识别?"的对话框,如图 5-33 所示。

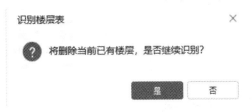

图 5-33　重复识别楼层表

　　楼层识别完成后,可以手动将自动分割时未对应楼层的图纸与楼层一一对应,如图 5-34 所示。

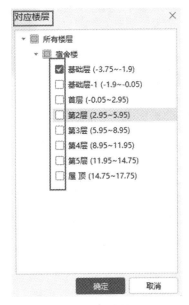

图 5-34　对应楼层

▶▶ 【课后练习】···

判断题

1. 识别轴网的基本流程是"提取轴线→提取标注→自动识别"。 （ ）

2. 提取轴线时轴线消失代表轴线被误删。 （ ）

3. 识别辅轴命令只有在导航栏选中辅助轴线时才出现。 （ ）

4. 轴线不在同一图层或者颜色不一样时，需要进行多次提取。 （ ）

5. 选择识别轴网之前必须完成提取轴线和提取标注。 （ ）

任务十七 识 别 柱

任务说明

根据《宿舍楼施工图》，首层框架柱结构布置见附图 2 "结施 -04，柱墙结构平面图"。要求在规定时间内，通过 CAD 识别柱的方式，完成首层柱模型建立工作，并得到首层框架柱的混凝土及钢筋清单工程量。

任务分析

1. 准备资料

全套施工图、《房屋建筑与装饰工程工程量计算规范》GB 50584—2013、《混凝土结构施工图平面整体表示方法制图规则和构造详图》(16G101-1)、广联达 BIM 土建计量平台 GTJ2021 等。

2. 分析任务

CAD 识别柱有两种方法：识别柱表生成柱构件和识别柱大样生成柱构件，如图 5-35 所示，根据图纸情况选择相应的方法。需要用到的图纸是附图 3 "结施 -06，框架柱平法施工图"。

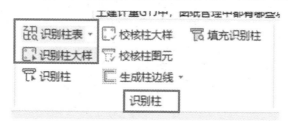

图 5-35 识别柱的两种方法

任务实施

分割完图纸后，双击进入"框架柱平法施工图"，进入下一步操作。当分割的"框架柱平法施工图"位置与前面所识别的轴网位置有出入时，可以采用"定位"的功能，将图纸定位到轴网正确的位置。点击"定位"命令，如图5-36所示。选择图纸某一点，比如1轴与A轴的交点，将其拖动到前面所识别轴网的1轴与A轴交点处。

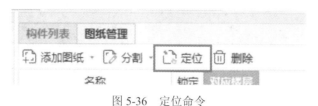

图5-36　定位命令

1. 识别柱表

本工程框架柱是以柱表形式体现的，因此选择"识别柱表"的方法进行识别。切换到"建模"选项卡下，在左侧"导航栏"中点击"柱"→"柱"，将目标构件定位至"柱"，如图5-37所示。

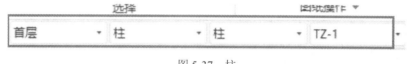

图5-37　柱

点击"识别柱"面板中的"识别柱表"命令，软件可以识别普通柱表和广东柱表，遇到有广东柱表的工程，即可采用"识别广东柱表"。本工程为普通柱表，则选择"识别柱表"功能，拉框选择柱表中的数据，黄色线框为框选的柱表范围，单击鼠标右键确认选择，如图5-38所示。

图5-38　识别柱表（部分）

弹出"识别柱表"对话框，在窗口的表格上方显示"查找替换""删除行"等功能，如图5-39所示。在表格中，可利用表格的这些功能对表格内容进行核对和调整。如果表格中存在不符合的数据，单元格会以红色进行显示，方便进行查找和修改。当遇到广东柱表时，则使用"识别广东柱表"命令。

柱号	标高	b*h(圆...	b1	b2	h1	h2	全部纵筋	l
柱号	标高	bxh(bixhi...	b1	b2	h1	h2	全部纵筋	l
KZ-1	基顶-2.950	500*550	400	100	450	100		
	2.950-5.9...	500*550	400	100	450	100		
	5.950-8.9...	500*550	400	100	450	100		
	8.950-11....	500*550	400	100	450	100		
KZ-2	基顶-2.950	500*550	400	100	100	450		
	2.950-5.9...	500*550	400	100	100	450		
	5.950-8.9...	500*550	400	100	100	450		
	8.950-11....	500*550	400	100	100	450		
	11.950-1...	400*450	300	100	100	350		
KZ-3	基顶-2.950	500*550	400	100	100	450		
	2.950-5.9...	500*550	400	100	100	450		
	5.950-8.9...	500*550	400	100	100	450		
	8.950-11....	500*550	400	100	100	450		
	11.950-1...	400*450	300	100	100	350		
KZ-4	基顶-3.000	500*550	250	250	450	100		

提示:请在第一行的空白行中单击鼠标从下拉框中选择对应列关系

图 5-39　识别柱表调整

确认信息准确无误后点击"识别"即可，软件会根据窗口中调改的柱表信息生成柱构件，如图 5-40 所示。

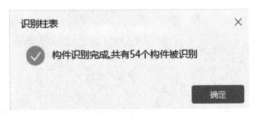

图 5-40　识别柱表完成

2. 识别柱

通过识别柱表定义柱属性后，可以通过柱的绘制功能，参照 CAD 图将柱绘制到图上，也可以使用"CAD 识别"提供的快速"识别柱"构件的功能。在"建模"选项卡下点击"识别柱"面板中的"识别柱"命令，如图 5-41 所示。

图 5-41　识别柱

1) 提取边线

点击"识别柱"命令后，出现图 5-42 所示的窗口，点击"提取边线"命令。

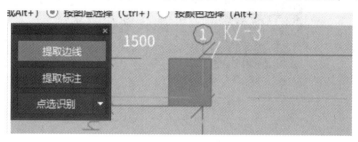

图 5-42　提取柱边线

可以利用"单图元选择""按图层选择""按颜色选择"的功能点选或框选需要提取的柱边线的 CAD 图元。

软件一般默认通过"按图层选择"选择所有柱边线，被选中的边线全部变成深蓝色。单击鼠标右键确认选择，则选择的 CAD 图元将自动消失，并存放在"已提取的 CAD 图层"中，如图 5-43 所示，即完成柱边线的提取工作。

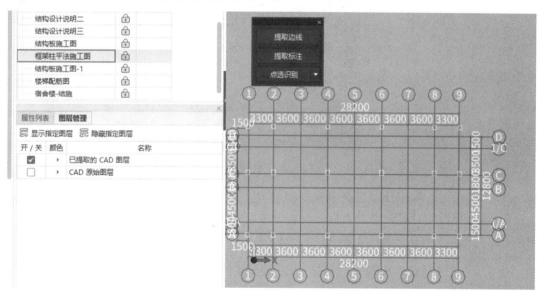

图 5-43　柱已提取的 CAD 图层

2) 提取标注

点击"提取标注"，采用同样的方法选择所有柱的标志（包括标注及引线），选中的标注全部变成深蓝色，单击鼠标右键确定，即完成柱边线及标志的提取工作，如图 5-44 所示。

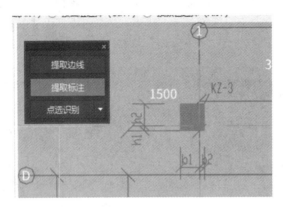

图 5-44　提取柱标注

3) 识别柱构件

在完成识别柱表、提取边线及标志后,即可进行识别柱构件的操作。选择"点选识别",如图 5-45 所示,有以下 4 种方式。

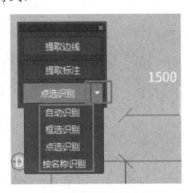

图 5-45　识别柱构件

(1) 自动识别。软件自动根据所识别的柱表、提取的边线和标志来自动识别整层柱。本工程采用"自动识别"。点击"自动识别"进行柱构件识别,识别完成后,弹出识别柱构件个数的提示。点击"确定"按钮,完成柱构件的识别,如图 5-46 所示。

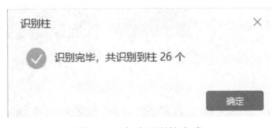

图 5-46　自动识别柱完成

(2) 框选识别。当需要识别某一区域的柱时,可使用此功能。根据鼠标框选的范围,软件会自动识别框选范围内的柱。

(3) 点选识别。点选识别即通过鼠标点选的方式逐一识别柱构件。完成提取柱边线和提取柱标志操作后,点击"识别柱"→"点选识别柱",点击需要识别的柱标志 CAD 图元,则"识别柱"窗口会自动识别柱标志信息，如图 5-47 所示。点击"确定"按钮，在图形中选择符合该柱标志的柱边线和柱标志，单击鼠标右键确认选择，此时所选柱边线和柱标志被识别为柱构件，如图 5-48 所示。

图 5-47　点选识别柱窗口　　　　　　　图 5-48　点选识别柱完成

(4) 按名称识别。比如图纸中有多个 KZ-7，通常只会对一个柱进行详细标注 (截面尺寸、钢筋信息等)，而其他柱只标注柱名称，对于这种 CAD 图纸，就可以使用"按名称识别柱"进行柱识别操作。完成提取柱边线和提取柱标志操作后，点击绘图工具栏的"识别柱"→"按名称识别柱"，然后点击需要识别的柱标志 CAD 图元，则"识别柱"窗口会自动识别柱标志信息，如图 5-49 所示，点击"确定"按钮，此时满足所选标志的所有柱边线会被自动识别为柱构件，并弹出识别成功的提示，如图 5-50 所示。

图 5-49　按名称识别柱窗口　　　　　　图 5-50　按名称识别柱完成

3. 动态观察

完成所有首层框架柱的识别后，可点击"动态观察"命令查看柱的三维，也可点击"二维"命令切换至平面视图，如图 5-51 所示。

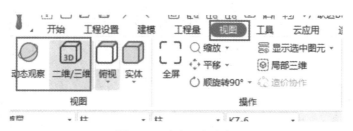

图 5-51　动态观察命令

在"视图"选项卡下点击"动态观察"命令，按住鼠标左键不放，移动鼠标可查看首层框架柱三维，如图 5-52 所示。

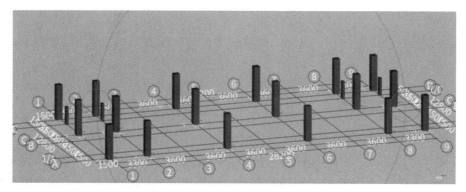

图 5-52　首层柱三维模型

 知识拓展

墙柱共用边线的处理

在实际工程中，会遇到剪力墙图纸中墙线和柱线共用的情况。柱没有封闭的图线，导致直接识别柱时提取不到封闭区域，从而识别柱不成功。在这种情况下，软件提供了两种解决办法。

1) 使用命令"框选识别柱"

使用"提取柱边线""提取柱标识"完成对柱信息的提取(将墙柱共用线提取到柱边线)后，再用"框选识别"命令拉框选择，即可完成识别柱。

2) 使用命令"生成柱边线"

首先提取墙边线，然后在"识别柱"面板点击"生成柱边线"命令，根据状态栏提示，在柱内部单击鼠标左键选取一点，也可点击"自动生成柱边线"命令，让软件自动搜索，生成封闭的柱边线。生成封闭的柱边线后，再利用"自动识别柱"命令识别柱，即可解决墙、柱共用边线的情况，如图 5-53 所示。

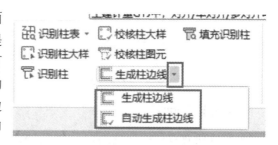

图 5-53　生成柱边线命令

▶▶ 🎙【课后练习】 ···

多项选择题

1. 识别柱属性的基本方法是 ( )。

A. 识别柱表　　　　　　　　　　B. 识别柱大样

C. 识别柱边线　　　　　　　　　　D. 识别填充柱

E. 识别柱标注

2. 识别柱表窗口中，可以 ( )。

A. 查找替换　　　　　　　　　　B. 插入空行

C. 删除标高列　　　　　　　　　　D. 复制列

E. 修改钢筋信息

3. 在软件中"识别柱大样"的基本步骤是 ( )。

A. 提取边线→提取标注→提取钢筋线→自动识别

B. 提取边线→提取钢筋线→提取标注→自动识别

C. 提取边线→提取标注→提取钢筋线→点选识别

D. 提取边线→提取钢筋线→提取标注→点选识别

E. 提取边线→提取标注→提取钢筋线→框选识别

4. 校核柱图元命令可以校核 ( )。

A. 尺寸不匹配　　　　　　　　　　B. 钢筋标注错误

C. 未使用标注　　　　　　　　　　D. 名称缺失

E. 未使用边线

5. 提取标注时，可以按照 ( ) 点选或框选 CAD 图元。

A. 方向　　　　　　　　　　B. 单图元

C. 图层　　　　　　　　　　D. 颜色

E. 字体

任务十八　识　别　梁

📇✓ 任务说明

根据《宿舍楼施工图》，首层框架梁结构布置见附图 4 "结施 -07，2.95 标高层梁平法施工图"。

要求在规定时间内，通过 CAD 识别梁的方式，完成首层梁模型建立工作，并得到首层梁的混凝土及钢筋清单工程量。

任务分析

1. 准备资料

全套施工图、《房屋建筑与装饰工程工程量计算规范》GB 50584—2013、《混凝土结构施工图平面整体表示方法制图规则和构造详图》(16G101-1)、广联达 BIM 土建计量平台 GTJ2021 等。

2. 分析任务

在梁的支座柱、剪力墙等识别完成后，才能进行识别梁的操作。首层梁配筋可通过附图 4 "结施 -07，2.95 标高层梁平法施工图"得知，集中标注和原位标注可由平面图识别，吊筋和附加钢筋未标注钢筋信息由图纸说明可知，未注明吊筋和附加箍筋信息为"未注明的吊筋为 2C12；未注明的附加箍筋为每边各 3Cd@50(d 同梁箍筋直径)"。

任务实施

识别梁的基本流程为：识别梁→识别原位标注→识别吊筋。在"建模"选项卡下，点击"导航栏"的"梁"→"梁"，将目标定位到"梁"，如图 5-54 所示。在"图纸管理"中双击"2.95 标高层梁平法施工图"，切换到首层梁施工图，如图 5-55 所示。

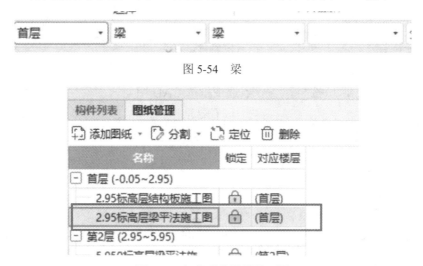

图 5-54　梁

图 5-55　切换到首层梁施工图

1. 识别梁

点击"识别梁"面板中的"识别梁"命令，如图 5-56 所示，按照"提取边线→提取标注→识别梁→编辑支座→识别原位标注"的基本流程，根据需求选择"自动识别""框选识别"或"点选识别"，完成梁及其原位标注的识别。

图 5-56　识别梁命令

识别梁的具体流程如下。

1) 提取梁边线

点击"提取边线"命令，选择梁边线，如图 5-57 所示。选择"单图元选择""按图层选择""按颜色选择"中的一个功能点选或框选需要提取梁边线的 CAD 图元，如图 5-58 所示。单击鼠标右键确认，可以看见梁边线消失，这代表提取成功，并存放在"已提取的 CAD 图层"中。

图 5-57　提取边线命令

○ 单图元选择（Ctrl+或Alt+）　◉ 按图层选择（Ctrl+）　○ 按颜色选择（Alt+）

图 5-58　提取边线的功能

2) 提取梁标注

点击"自动提取标注"命令下拉菜单，可以看到提取梁标注包含 3 种功能命令，分别为自动提取标注、提取集中标注和提取原位标注，如图 5-59 所示。

图 5-59　提取标注的功能

(1)"自动提取标注"可一次提取 CAD 图中全部的梁标注，软件会自动区别梁原位标注与集中标注，一般集中标注与原位标注在同一图层时使用。点击"自动提取标注"，选中图中所有梁标注，单击鼠标右键确定，如图 5-60 所示，可以看见所有标注消失，这代表提取成功。

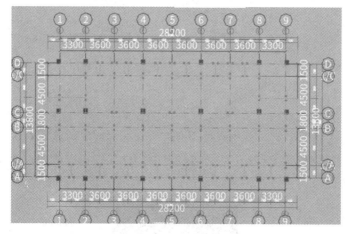

图 5-60　成功提取边线和标注

完成提取之后，集中标注以黄色显示，原位标注以粉色显示，如图 5-61 所示。

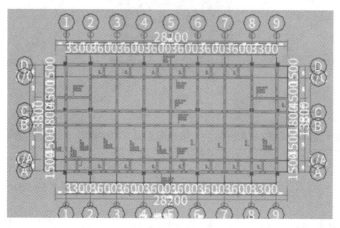

图 5-61　完成标注提取后显示颜色

(2) 如果集中标注与原位标注分别在两个图层，则分别采用"提取集中标注"和"提取原位标注"分开提取，方法与"自动提取标注"类似。

3) 识别梁构件

提取梁边线和标注完成后，即可进行识别梁构件的操作。识别梁有自动识别梁、框选识别梁、点选识别梁 3 种功能，如图 5-62 所示。

(1) 自动识别梁。软件自动根据提取的梁边线和梁集中

图 5-62　识别梁构件的功能

标注对图中所有梁一次全部识别。点击"识别梁"面板出现工具栏，点击"点选识别梁"的倒三角，在下拉菜单中点击"自动识别梁"，软件弹出"识别梁选项"对话框，如图 5-63 所示。

识别梁选项

○全部　○缺少箍筋信息　○缺少截面　　　　复制图纸信息　粘贴图纸信息

	名称	截面(b*h)	上通长筋	下通长筋	侧面钢筋	箍筋	肢数
1	KL1(2)	300*800	2C22		G6C12	C8@100/200(2)	2
2	KL2(2)	250*700	2C20		G4C12	C8@100(2)	2
3	KL3(2)	250*700	2C22		G4C12	C8@100(2)	2
4	KL4(2)	300*800	2C25		G6C12	C8@100/200(2)	2
5	KL5(5)	300*700	2C25		G4C12	C8@100/200(2)	2
6	KL6(5B)	300*700	2C25			C8@100(2)	2
7	KL7(5)	300*700	2C20		G6C12	C8@100/200(2)	2
8	L1(2)	200*400	2C14	3C14		C6@200(2)	2
9	L2(1)	200*400	2C14	3C14		C6@200(2)	2
10	L3(2)	250*650	2C20		G4C12	C6@200(2)	2
11	L4(2)	250*650	2C20		G4C12	C6@200(2)	2

请检查并确认得到的梁信息　　　　　　　　　　继续　　取消

图 5-63　识别梁选项对话框

在"识别梁"选项界面可以查看、修改、补充梁集中标注信息，可以提高梁识别的准确性。核对信息无误后点击继续，则按照提取的梁边线和梁集中标注信息自动生成梁图元，如图 5-64 所示。

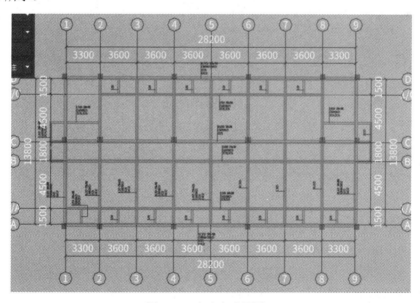

图 5-64　自动生成梁图元

(2) 点选识别梁。"点选识别梁"功能可以通过选择梁边线和梁集中标注的方法进行梁识别操作。完成"提取梁边线"和"提取梁集中标注"操作后，点击"识别梁"面板中的

"点选识别梁"，则弹出"点选识别梁"对话框。点击需要识别的梁集中标注，则"点选识别梁"窗口自动识别梁集中标注信息，如图5-65所示。

图5-65 点选识别梁窗口

点击"确定"按钮，在图形中选择符合该梁集中标注的梁边线，被选择的梁边线以高亮显示。单击鼠标右键确认选择，此时所选梁边线被识别为梁图元，如图5-66所示。

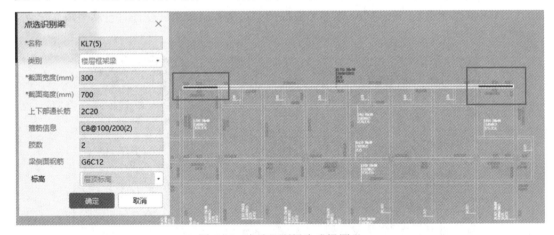

图5-66 点选识别梁生成梁图元

(3) 框选识别梁。"框选识别梁"可满足分区域识别的需求，对于一张图纸中存在多个楼层平面的情况，可选中当前层识别，也可框选一道梁的部分梁线，完成整道梁的识别。

完成提取梁边线和提取梁集中标注操作后，点击识别面板"点选识别梁"的倒三角，在下拉菜单中选择"框选识别梁"；状态栏提示：左键拉框选择集中标准。拉框选择需要识别的梁集中标注，如图5-67所示。单击鼠标右键确定选择，软件弹窗同"自动识别梁"，点击继续，即可完成识别，如图5-68所示。

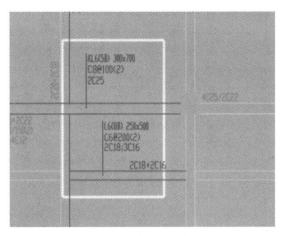

图 5-67　框选识别梁

图 5-68　框选识别梁窗口

4) 校核梁图元

当识别梁完成之后，手动检查是否存在识别不正确的梁比较麻烦，软件可以自动进行"梁跨校核"，智能检查。梁跨校核是自动提取梁跨，然后将提取到的跨数与标注中的跨数进行对比，二者不同时弹出提示。软件框选 / 自动识别梁之后，会自动进行梁跨校核，校核无误，会弹出"校核通过"窗口，如图 5-69 所示。如存在跨数不符的梁则会弹出提示，如图 5-70 所示。

图 5-69　校核通过窗口

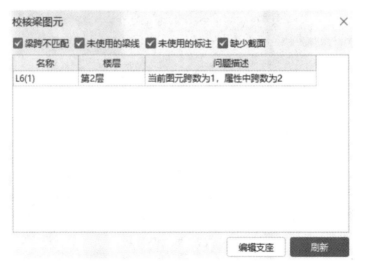

图 5-70　校核梁图元窗口

在"校核梁图元"对话框中，双击梁构件名称，软件可以自动定位到此道梁，点击编辑支座进行修改，完成后点击刷新即可。

识别梁时，自动启动"校核梁图元"，只针对本次生成的梁，要对所有梁校核需要"重新校核"或手动启用"校核梁图元"，如图 5-71 所示。

5）编辑支座

当"校核梁图元"后，如果存在梁跨数与集中标注中不符的情况，则可使用此功能进行支座的增加、删除以调整梁跨。

图 5-71　校核梁图元命令

选择一根梁，点击"识别梁"面板中的"编辑支座"功能，如图 5-72 所示，也可通过选项卡"建模→识别梁→编辑支座"进行选择，如图 5-73 所示。

图 5-72　编辑支座命令 1

图 5-73　编辑支座命令 2

如要删除支座，则直接点取图中支座点的标志即可。如要增加支座，则点取作为支座的图元，单击鼠标右键确定即可，如图 5-74 所示，这样即可完成编辑支座的操作。

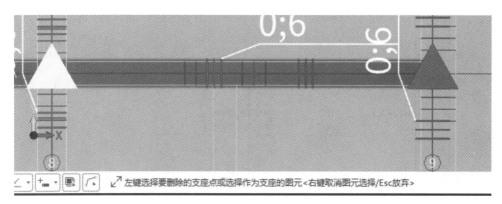

图 5-74　编辑支座的操作

6) 识别原位标注

识别梁构件完成后，应识别原位标注。识别原位标注有自动识别原位标注、框选识别原位标注、点选识别原位标注和单构件识别原位标注 4 种功能，如图 5-75 所示。

图 5-75　识别原位标注的功能

(1) 自动识别原位标注：可以将已经提取的梁原位标注一次性全部识别。完成识别梁操作后，点击识别面板"点选识别原位标注"的倒三角，在下拉菜单中选择"自动识别原位标注"，软件自动对已经提取的全部原位标注进行识别。识别完成后，弹出图 5-76 所示的提示框。点击"确定"按钮即可完成校核。

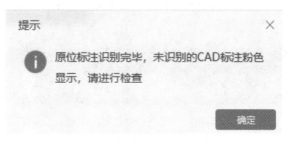

图 5-76　原位标注识别完成窗口

识别发现错误后，弹出图 5-77 所示的提示框。双击需要校核的问题，点击"手动识别"进行修改，修改后点击"刷新"按钮，软件会自动重新进行校核，如图 5-78 所示。

图 5-77　校核原位标注窗口

图 5-78　校核通过窗口

(2) 框选识别原位标注：如果需要识别某一区域内的原位标注，则可使用"框选识别原位标注"功能。完成识别梁操作后，点击识别面板"点选识别原位标注"的倒三角，在下拉菜单中选择"框选识别原位标注"命令，框选某一区域的梁，单击鼠标右键确定，即完成识别。

(3) 点选识别原位标注：可以将提取的梁原位标注一次全部识别。完成自动识别梁 (点选识别梁) 和提取梁原位标注 (自动提取梁标注) 操作后，点击识别面板"点选识别原位标注"，选择需要识别的梁图元，此时构件处于选择状态，如图 5-79 所示。

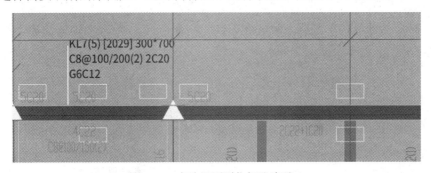

图 5-79　点选识别原位标注步骤 1

单击鼠标选择 CAD 图中的原位标注信息，软件自动寻找最近的梁支座位置并进行关联，如图 5-80 所示。

图 5-80　点选识别原位标注步骤 2

单击鼠标右键，选择的 CAD 图元被识别为所选梁支座的钢筋信息。使用同样的方法可以将梁上的所有原位标注对应识别到对应的方框。单击鼠标右键，退出"点选识别梁原位标注"命令。

(4) 单构件识别原位标注：可以将单根梁的原位标注进行快速提取识别。完成识别梁操作后，点击识别面板"点选识别原位标注"的倒三角，在下拉菜单中选择"单构件识别原位标注"。选择需要识别的梁，此时构件处于选择状态，如图 5-81 所示。单击鼠标右键，提取的梁原位标注就被识别为软件中梁构件的原位标注，如图 5-82 所示。

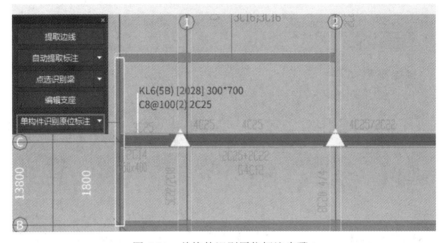

图 5-81　单构件识别原位标注步骤 1

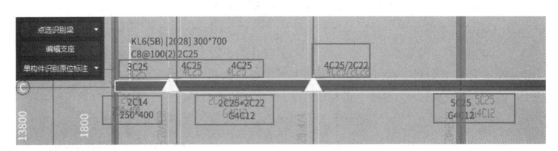

图 5-82　单构件识别原位标注步骤 2

2. 识别吊筋

所有梁识别完成之后，如果图纸中绘制了吊筋和次梁加筋，则可以使用"识别吊筋"

功能对 CAD 图中的吊筋、次梁加筋进行识别。点击"识别梁"面板中的"识别吊筋"按钮，如图 5-83 所示，弹出"识别吊筋"面板，点击"提取钢筋和标注"功能。根据提示，选中吊筋和次梁加筋的钢筋及标注 (如无标注则不选)，单击鼠标右键确定，完成提取，如图 5-84 所示。

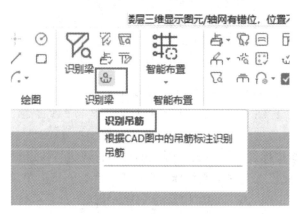

图 5-83　识别吊筋命令

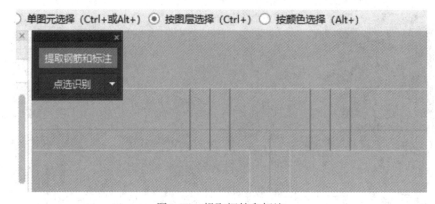

图 5-84　提取钢筋和标注

完成"提取钢筋和标注"后，点击识别面板"点选识别"后面的倒三角，在下拉菜单中有自动识别、框选识别和点选识别 3 种方式，如图 5-85 所示。

1) 自动识别吊筋

在 CAD 图中，绘制吊筋、加筋线和标注，通过识别可以快速完成吊筋和加筋信息的输入。点击识别面板"点选识别"后面的倒三角，在下拉菜单中选择"自动识别"。如提取的吊筋和次梁加筋存在没有标注的情况，则弹出"识别吊筋"对话框，如图 5-86 所示，直接在对话框中输入相应的钢筋信息。

修改完成后，单击"确定"按钮，软件自动识别所有提取的吊筋和次梁加筋，识别完成，弹出"识别吊筋 (次梁加筋) 完成"对话框，如图 5-87 所示。

图 5-85　识别吊筋的方式

| 图 5-86　识别吊筋对话框 | 图 5-87　识别吊筋完成窗口 |

图中存在标注信息的，则按提取的钢筋信息进行识别；图中无标注信息的，则按输入的钢筋信息进行识别。识别成功的钢筋线自动变色显示，同时吊筋信息在梁图元上同步显示，如图 5-88 所示。

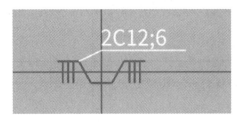

图 5-88　识别吊筋成功

2) 框选识别吊筋

当需要识别某一区域内的吊筋和加筋时，则使用"框选识别"。完成梁原位标注的识别，在"提取钢筋和标注"后，点击识别面板"点选识别"后面的倒三角，在下拉菜单中选择"框选识别"。拉框选择需要识别的吊筋和加筋线，单击鼠标右键确定选择，即可完成识别。

3) 点选识别吊筋

使用此功能可点选单个吊筋和加筋进行识别。完成原位标注的识别，在"提取钢筋和标注"后，点击识别面板"点选识别"。确定吊筋和次梁加筋信息，点击"确定"按钮，然后根据提示点取吊筋或次梁加筋钢筋线，单击鼠标右键确定，则识别吊筋和次梁加筋成功。

小提示

（1）在 CAD 图中，若存在吊筋和次梁加筋标注，软件会自动提取；若不存在，则需要手动输入；

（2）所有的识别吊筋功能需要主次梁都已经变成绿色才能识别吊筋和加筋，识别后，已经识别的 CAD 图线变为蓝色，未识别的保持原来的颜色。

（3）图上有钢筋线的才识别，没有钢筋线的不会自动生成。

3. 动态观察

在"视图"选项卡下点击"视图"面板中的"动态观察"命令，按住鼠标左键不放，移动鼠标可查看首层梁三维图，如图 5-89 所示。

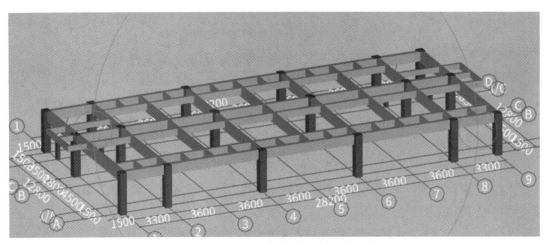

图 5-89　首层梁三维图

上述步骤结束后，在"构件列表"一栏可查看所有提取的梁构件，在"属性列表"一栏可查看每种梁的集中标注属性，点击梁则可查看梁的原位标注信息。

知识拓展

梁的"CAD 识别选项"

在识别梁构件前，需要先进行"CAD 识别选项"，切换到"建模"选项卡下，在"图纸操作"面板中点击"CAD 识别选项"命令，软件会弹出"CAD 识别选项"对话框，如图 5-90 所示。

图 5-90　CAD 识别选项窗口

在"CAD 识别选项"对话框中，将构件切换到"梁"，有 16 条选项，如图 5-91 所示。

图 5-91　梁的 CAD 识别选项

(1) 梁端距柱、墙、梁范围内延伸 200 mm。一般 CAD 梁线都绘制到柱边，这可能会导致梁与柱未接触，从而使计算出现错误，所以软件自动延伸 200 mm，就能把这个缺口补上，最终能够正确计算梁的工程量。

(2) 梁引线延伸长度为 80 mm。引线是用于关联梁图元和名称的，没有引线，软件就无法知道这个梁的名称等相关属性。80 mm 表示软件默认引线与梁边线距离的最大值，如果图纸实际引线与梁边线距离大于 80 mm，软件将不能识别梁，则需要修改此值。

(3) 无截面标注的梁，最大截面宽度为 300 mm。图中没有标注出截面尺寸的梁，如果梁线宽度在 300 mm 以内，软件仍然可以识别出梁宽；如果梁线宽度超过 300 mm，则不进行识别。

(4) 吊筋线每侧允许超出梁宽的比例为 20%。在 CAD 图中，如果绘制的吊筋线超过梁宽，但不超过此设定值 (默认为 20%，可进行修改)，则仍然可以成功识别。

(5) 折梁边线最大夹角范围是 30°。图纸上如果存在折梁，夹角在 30° 以内，则软件自动识别成一根梁。如果夹角超过设定范围，则软件不能自动识别成功。

(6) 未标注箍筋肢数，设置为 4 肢箍的最小梁宽等于 350 mm。如果图纸上梁未标注箍筋肢数，软件一般默认为 2 肢，只有两宽大于等于 350 mm，才会识别为 4 肢箍。

(7)~(16) 不同类型的梁在软件内的默认代号。软件识别梁会根据梁名称确定类型。因为各种梁类型的钢筋计算方式不同，所以在识别时必须分开。这里需要提醒的是，由于框架梁和基础梁的计算方式差异很大，而很多设计习惯在基础层标注一个 DL(地梁)，这个 DL 究竟应该用基础梁还是框架梁，需要先弄清楚，否则将影响最后的钢筋工程量。如果这个 DL 是基础梁，需要把第 11 行后边的 "JZL" 改为 "JZL, DL"；如果这个 DL 是框架梁，需要把第 7 行后边的 "KL" 改成 "KL，DL"。

▶▶ 🔘 【课后练习】 ···

单项选择题

1. 下列不属于"识别梁"命令中能使用的命令是 (   )。

A. 点选识别梁   B. 框选识别梁

C. 自动识别梁   D. 单构件识别梁

2. 识别原位标注完成后，梁构件的颜色从粉色变成了 (   )。

A. 绿色   B. 红色

C. 黄色   D. 蓝色

3. 在软件中"识别梁"的基本步骤是 (   )。

A. 提取边线→提取标注→识别梁→识别原位标注

B. 提取边线→识别梁→提取标注→识别原位标注

C. 提取边线→提取标注→识别原位标注→识别梁

D. 提取标注→提取边线→识别梁→识别原位标注

4. 下列不能绘制梁吊筋的操作命令是 (   )。

A. 生成吊筋   B. 识别吊筋

C. 梁平法表格设置   D. 点画吊筋

5. 提取梁边线时，不可以按照 (   ) 点选或框选 CAD 图元。

A. 颜色   B. 方向

C. 图层   D. 颜色

任务十九　识别板与板钢筋

🖥️ 任务说明

根据《宿舍楼施工图》，首层现浇板及板筋布置见附图 5 "结施 -11，结施 2.95 标高层"。

要求在规定时间内，通过 CAD 识别板及板筋的方式，完成首层板及板筋模型建立工作，并得到首层板的混凝土及钢筋工程量。

任务分析

1. 准备资料

全套施工图、《房屋建筑与装饰工程工程量计算规范》GB 50584—2013、《混凝土结构施工图平面整体表示方法制图规则和构造详图》(16G101-1)、广联达 BIM 土建计量平台 GTJ2021 等。

2. 分析任务

本工程主要内容包括板及板筋两个部分的绘制。在识别板筋前，图中必须要有板，绘制板的方法有两种：第一种可以参见"板及板筋的新建和绘制"；第二种通过"识别板"将板创建出来。图中标注板厚为 h = 110，未标注板厚根据设计说明可知"未注板厚均为 h = 100"。板筋的识别绘制包括板受力筋和板负筋的识别，平面图未注明的板筋信息根据设计说明为"1. 未注板配筋均为 C8 @180。2. 未画板分布筋均为 C8 @200。"

 任务实施

"识别板及板钢筋"的基本流程为：识别板→识别板受力筋→识别负筋。在"建模"选项卡下，点击"导航栏"的"板"→"现浇板"，将目标定位到"板"，如图 5-92 所示。在"图纸管理"中双击"2.95 标高层结构板施工图"，切换到首层结构板施工图，如图 5-93 所示。

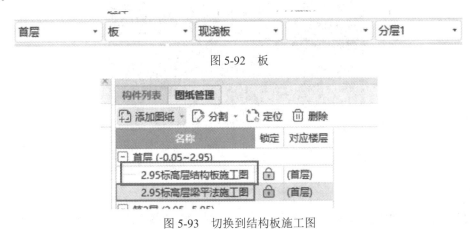

图 5-92　板

图 5-93　切换到结构板施工图

1. 识别板

点击"识别现浇板"面板中的"识别板"命令，如图 5-94 所示，按照识别板菜单中"提取板标识→提取板洞线→识别板"的基本流程完成识别板的步骤。

图 5-94　识别板命令

1) 提取板标识

点击识别面板上的"提取板标识"，如图 5-95 所示。利用"单图元选择""按图层选择"或"按颜色选择"的功能选中需要提取的 CAD 板标识，选中后变成蓝色。此过程中也可以点选或框选需要提取的 CAD 板标识。按照软件下方的提示，单击鼠标右键确认选择，选择的标识自动消失，并存放在"已提取的 CAD 图层"中。

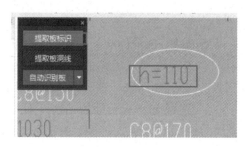

图 5-95　提取板标识命令

2) 提取板洞线

点击识别面板上的"提取板洞线"，利用"单图元选择""按图层选择"或"按颜色选择"的功能选中需要提取的 CAD 板洞线，选中后变成蓝色，如图 5-96 所示。

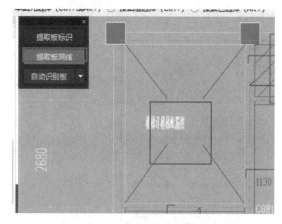

图 5-96　提取板洞线命令

按照软件下方的提示，单击鼠标右键确认选择，则选择的板洞线自动消失，并存放在"已提取的 CAD 图层"中。若板洞图层不对，或板洞较少时，也可跳过该步骤，后期直接补画板洞即可。

3) 识别板构件

点击识别面板上的"自动识别板"，弹出"识别板选项"窗口，如图 5-97 所示，按照默认勾选执行，点击"确定"按钮进行识别。在弹出的"识别板选项"窗口中补充无标注板厚，如图 5-98 所示，点击"确定"按钮即可识别所有板。

图 5-97　识别板选项→板支座选项窗口

图 5-98　识别板选项→构建信息窗口

上述步骤结束后，在"构件列表"一栏可查看所有提取的板构件，在"属性列表"一栏可查看每种板构件的属性。

2. 识别板受力筋

通过"识别板"命令，完成结构板的识别后，需要再通过"识别板受力筋"命令，将板受力筋绘制到软件中。在"建模"选项卡下，点击"导航栏"的"板"→"板受力筋"，将目标定位到"板受力筋"，如图 5-99 所示。

图 5-99　板受力筋

点击"识别板受力筋"面板中的"识别受力筋"命令，如图 5-100 所示，按照识别板受力筋菜单中"提取板筋线→提取板筋标注→识别受力筋"的基本流程，完成识别板的步骤。

图 5-100　识别受力筋命令

1) 提取板筋线

点击"识别受力筋"面板上的"提取板筋线"，如图 5-101 所示。利用"单图元选择""按图层选择"或"按颜色选择"的功能点选或框选需要提取的板钢筋线 CAD 图元，选中后变成蓝色，单击鼠标右键确认选择，则选择的 CAD 图元自动消失，并存放在"已提取的 CAD 图层"中。

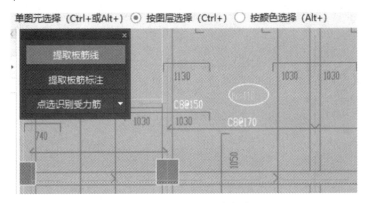

图 5-101　提取板筋线命令

2) 提取板筋标注

点击"识别受力筋"面板上的"提取板筋标注"，如图 5-102 所示。利用"单图元选择"

"按图层选择"或"按颜色选择"的功能点选或框选需要提取的板钢筋标注 CAD 图元，选中后变成蓝色，单击鼠标右键确认选择，则选择的 CAD 图元自动消失，并存放在"已提取的 CAD 图层"中。

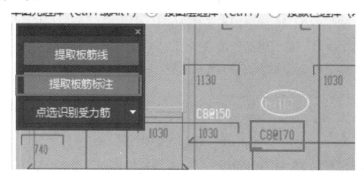

图 5-102　提取板筋标注命令

3) 识别受力筋

点击"识别受力筋"面板上的"点选识别受力筋"下拉菜单，识别板受力筋的方式有"点选识别受力筋"和"自动识别板筋"两种，如图 5-103 所示。

图 5-103　识别受力筋方式

(1) 点选识别受力筋的步骤：点击"点选识别受力筋"命令,弹出"点选识别板受力筋"信息窗口，如图 5-104 所示。

图 5-104　点选识别板受力筋信息窗口

在"已提取的CAD图元"中单击受力筋钢筋线，软件会根据钢筋线与板的关系判断构件类型，同时软件自动寻找与其最近的钢筋标注作为该钢筋线的钢筋信息，并识别到"受力筋信息"窗口中，如图5-105所示。

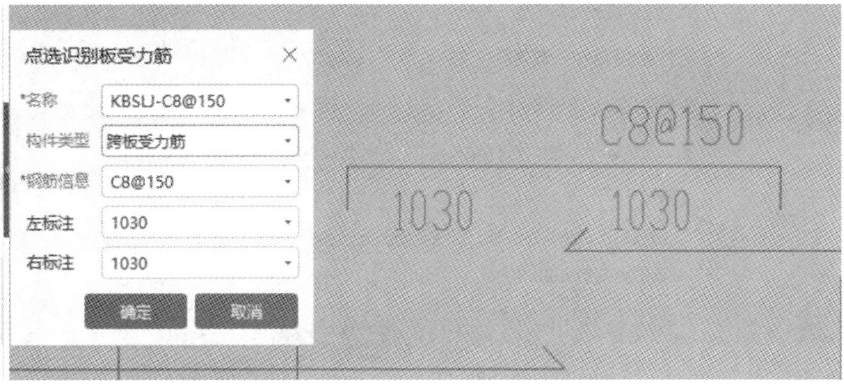

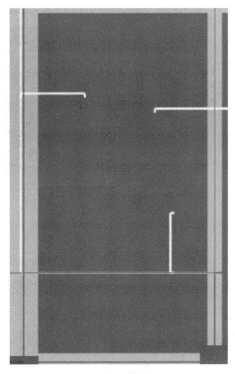

图5-105 提取点选识别板受力筋信息

确认"受力筋信息"窗口准确无误后，点击"确定"按钮，然后将光标移动到该受力筋所属的板内，板边线加亮显示，此亮色区域即为受力筋的布筋范围。单击鼠标左键，则提取的板钢筋线和板筋标注被识别为软件的板受力筋构件，如图5-106所示。

图5-106 点选识别板受力筋完成

(2) 自动识别板筋的步骤：在"识别受力筋"面板中，点击"点选识别受力筋"下拉菜单中的"自动识别板筋"功能，弹出"识别板筋选项"对话框，如图5-107所示。

图 5-107 识别板筋选项窗口

点击"确定"按钮，软件弹出"自动识别板筋"窗口。在当前窗口中，触发"定位"图标，可以在 CAD 图纸中快速查看对应的钢筋线。对应的钢筋线会以蓝色显示，如图 5-108 所示。点击"确定"按钮，软件会自动生成板筋图元，识别完成后，自动执行板筋校核算法。

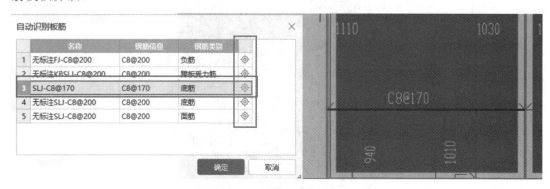

图 5-108 自动识别板筋信息窗口

3. 识别板负筋

通过"识别板"命令，完成结构板的识别后，需要再通过"识别负筋"命令，将负筋绘制到软件中。在"建模"选项卡下，点击"导航栏"的"板"→"板负筋"，将目标定位到"板负筋"，如图 5-109 所示。

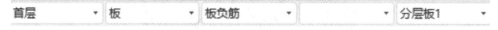

图 5-109 点选识别板负筋信息窗口

点击"识别板负筋"面板中的"识别负筋"命令，如图 5-110 所示，按照识别板负筋菜单中"提取板筋线→提取板筋标注→识别负筋"的基本流程，完成识别板的步骤。

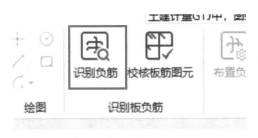

图 5-110　识别负筋命令

1) 提取板筋线

提取板筋线的方法与"识别受力筋"中的"提取板筋线"相同。

2) 提取板标注

提取板标注的方法与"识别受力筋"中的"提取板筋标注"相同。

3) 识别板负筋

识别板负筋有"点选识别负筋"和"自动识别板筋"两种，如图 5-111 所示。

图 5-111　识别负筋的方式

(1) 点选识别负筋。点击"点选识别负筋"命令，弹出"点选识别板负筋"对话框，如图 5-112 所示。

图 5-112　点选识别板负筋信息窗口

在"已提取的 CAD 图元"中，点击负筋钢筋线，软件会根据钢筋线与尺寸标注的关系判断单双边标注，同时软件自动寻找与其最近的钢筋标注作为该钢筋线钢筋信息，并识别到"点选识别板负筋"窗口中，如图 5-113 所示。

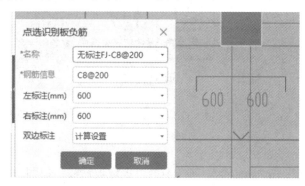

图 5-113　获取点选识别板负筋信息

确认"点选识别板负筋"窗口，准确无误后点击"确定"按钮，然后选择布筋方式和范围，选择的范围线会加亮显示，此亮色区域即为负筋的布筋范围，如图 5-114 所示。

单击鼠标左键，则提取的板钢筋线和板筋标注被识别为软件的板负筋构件，如图 5-115 所示。

图 5-114　选择布筋范围

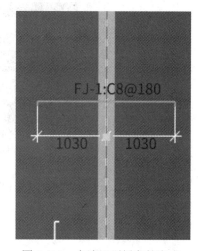

图 5-115　点选识别板负筋完成

(2) 自动识别负筋。其方法同"识别板受力筋"中的"自动识别板受力筋"。

> **小提示**
>
> 　　"识别板受力筋"和"识别负筋"命令完成后所有板筋都识别完成，故在建模过程中只需要选择一种即可。

4. 校核板筋图元

"校核板筋图元"用于对板筋图元进行校核，"识别板受力筋"和"识别板负筋"面板中都具有此功能。通过板筋校核功能可以将识别出的板筋布筋范围重叠，并将未标注钢筋信息、未标注伸出长度的钢筋线等问题给检查出来。

1) 自动校核

自动识别完板筋，软件会自动执行板筋校核算法，校核出问题后，会弹出板筋校核的窗口，如图 5-116 所示。

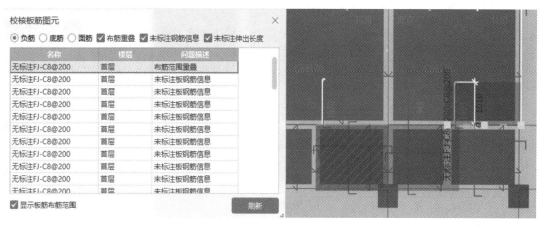

图 5-116　校核板筋图元窗口

校核出的问题会按钢筋类型(负筋、底筋、面筋)分类显示。可以通过软件左下方的"显示板筋布筋范围"来控制板筋布筋范围是否显示。对于布筋范围重叠的钢筋图元，软件默认会以红色斜纹的形式标识出来，如图 5-117 所示。

图 5-117　校核板筋图元

2) 手动校核

若弹窗关闭，可以通过点击"识别板负筋"或"识别板受力筋"面板中的"校核板筋图元"按钮来调出板筋校核，如图 5-118 所示。

5. 动态观察

点击"视图"选项卡下的"动态观察"命令，按住

图 5-118　校核板筋图元命令

鼠标左键不放，移动鼠标可查看首层板三维图，如图 5-119 所示。点击"视图"选项卡下"视图"面板中的"二维 / 三维"命令可以重新切换到二维视图。

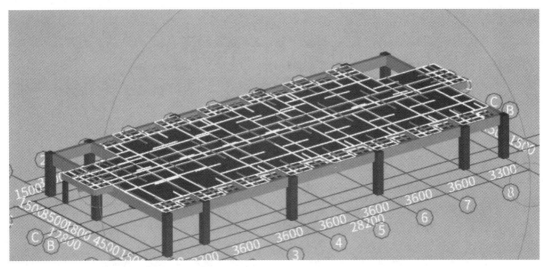

图 5-119　首层板三维图

知识拓展

"CAD 识别选项"中的"自动识别板筋"设置

使用"自动识别板筋"之前，需要对"CAD 识别选项"中的"板筋"选项进行设置，如图 5-120 所示。前 3 条在识别时，可通过这个名称来判断钢筋的类型，后 3 条设置默认的无标注的板受力筋信息、无标注的跨板受力筋信息、无标注的负筋信息格式。

图 5-120　板筋的 CAD 识别选项

在"自动识别板筋"之后，如果遇到未识别成功的板筋，可灵活应用识别"点选识别

受力筋""点选识别负筋"的相关功能进行识别，然后使用板受力筋和负筋的绘图功能进行修改，这样可以提高对板钢筋建模的效率。

▶▶ 🎧【课后练习】 ·····································

单项选择题

1. 在"识别板"命令中，自动识别板之前需要完成的命令是（　　）。

A. 提取板边线   B. 提取板标高

C. 提取板厚   D. 提取板洞线

2. 识别板筋完成后，软件会自动弹出板筋校核窗口，板筋按照（　　）分类。

A. 负筋、底筋、面筋   B. 受力筋、底筋、面筋

C. 负筋、受力筋、面筋   D. 负筋、受力筋、跨板受力筋

3. "识别板受力筋"的基本步骤是（　　）。

A. 提取板筋线→提取板筋标识→自动识别板受力筋

B. 提取板筋标识→提取板筋线→自动识别板受力筋

C. 提取板筋线→自动识别板受力筋→提取板筋标识

D. 提取板筋标识→提取板筋线→点选识别板受力筋

4. 识别现浇板时，下列不属于可识别的板支座是（　　）。

A. 剪力墙   B. 主梁

C. 柱   D. 次梁

5. 提取板筋标注时，可以按照（　　）点选或框选 CAD 图元。

A. 字体   B. 方向

C. 图层   D. 大小

任务二十　识别基础

📋 任务说明

根据《宿舍楼施工图》，基础平面布置见附图 2 "结施 -04，基础施工图"。

要求在规定时间内，通过 CAD 识别基础的方式，完成基础模型建立工作，并得到基础的混凝土及钢筋清单工程量。

🧑‍🏫 任务分析

1. 准备资料

全套施工图、《房屋建筑与装饰工程工程量计算规范》GB 50584—2013、《混凝土结

构施工图平面整体表示方法制图规则和构造详图》(16G101-1)、广联达 BIM 土建计量平台 GTJ2021 等。

2. 分析任务

软件提供识别基础梁、独立基础、桩承台、桩的功能。基础梁的识别方法类似梁的识别，此处不再赘述。本工程采用的是独立基础，下面以识别独立基础为例，讲解基础的识别。

任务实施

识别独立基础一定要注意切换楼层至基础层，再进行其余操作。按照识别柱、梁、板的方式选中基础平面图，首先进行图纸定位。

软件识别独立基础的流程主要为：识别独基表→识别独立基础，如图 5-121 所示。

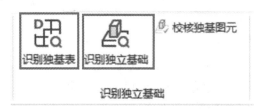

图 5-121　识别独立基础的流程

1. 识别独基表

切换到"建模"选项卡下，在左侧"导航栏"中选择"基础"→"独立基础"，进入独立基础绘制界面。在"识别独立基础"面板中点击"识别独基表"命令，框选独基表，单击鼠标右键确定，弹出"识别独基表"对话框，如图 5-122 所示。根据图纸信息核对识别出的独基表的基础信息，需要特别注意的是，表格标题栏与软件第一行标题栏的对应，若不对应则根据软件标题栏下拉菜单进行调整，基础信息核对无误后再删除独基表中多余的行或列，点击"识别"按钮，识别完成，如图 5-123 所示。

识别独基表								
撤消　恢复　查找替换　删除行　删除列　插入行　插入列　复制行								
基础编号 ▼	A ▼	a1 ▼	h1 ▼	h2 ▼	a2 ▼	横(X)向... ▼	纵(Y)向... ▼	类型	所属楼层
						基础参数...	对称阶形	宿舍楼 (...
参数名称	A(mm)	B(mm)	h1(mm)	h2(mm)	h(mm)	Ag1	Ag2	对称阶形	宿舍楼 (...
J-1	2200	2200	400	200	600	C12@100	C12@100	对称阶形	宿舍楼
J-2	2700	2700	450	200	650	C14@120	C14@120	对称阶形	宿舍楼
J-3	2800	2800	450	200	650	C14@120	C14@120	对称阶形	宿舍楼
J-4	3100	3100	450	200	650	C14@120	C14@120	对称阶形	宿舍楼
J-5	3500	3500	500	250	750	C16@150	C16@150	对称阶形	宿舍楼
J-6	3800	3800	500	250	750	C16@130	C16@130	对称阶形	宿舍楼
J-7	4200	4200	500	250	750	C16@120	C16@120	对称阶形	宿舍楼

提示:请在第一行的空白行中单击鼠标从下拉框中选择对应列关系

识别　　取消

图 5-122　识别独基表

图 5-123　识别独基表完成图

独基表识别完成后，点击独立基础"构件列表"，在"构件列表"中已存在 7 种基础，如图 5-124 所示，点击独立基础单元，可通过"属性列表"再次对独立基础信息进行核对。

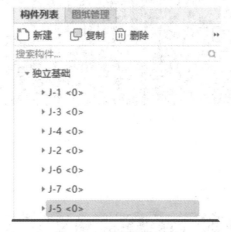

图 5-124　独基构件列表

2. 识别独立基础

点击"图纸管理"，双击"基础施工图"，将轴网与"基础施工图"定位。在"识别独立基础"面板中点击"识别独立基础"命令，弹出识别独立基础对话框，如图 5-125 所示，按从上到下的顺序进行操作即可。

图 5-125　识别独立基础对话框

1) 提取独基边线

一般默认通过"按图层选择"选择所有基础边线，被选中的边线全部变成深蓝色。单击鼠标右键确定，则选择的 CAD 图元将自动消失，并存放在"已提取的 CAD 图层"中，如图 5-126 所示。这样，即完成了柱边线的提取工作。

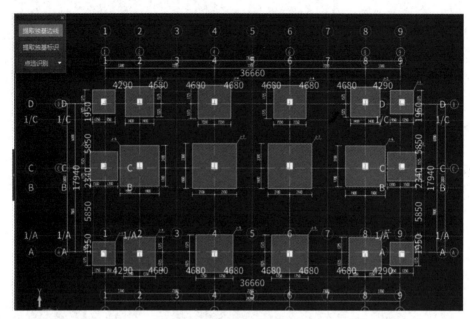

图 5-126　提取独基边线

2) 提取独基标识

采用同样的方法选择所有独基的标识 (包括标注及引线)，选中的标注全部变成深蓝色，单击鼠标右键确定，即完成了基础边线及标识的提取工作，如图 5-127 所示。

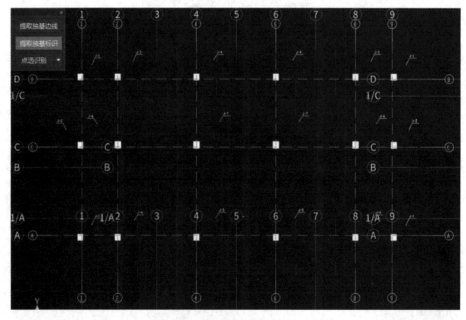

图 5-127　提取独基标识

3) 点选识别

完成提取边线及标识后，即可进行识别独立基础构件的操作。选择"点选识别"下拉菜单中的"自动识别"。识别完成后软件自动校核识别结果。

3. 动态观察

完成所有独立基础的识别后，点击"视图"选项卡下"视图"面板中的"动态观察"命令，按住鼠标左键不放，移动鼠标可查看独立基础三维模型，如图 5-128 所示。

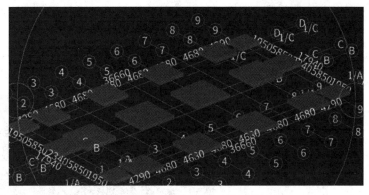

图 5-128　独立基础三维模型

 知识拓展

提取 CAD 图元后，发现某些图元提取错误，或对同一幅 CAD 图进行了多次提取，这时可以使用还原 CAD 功能把错误提取的 CAD 图或已被提取的图元还原为未提取的状态，可重新进行识别。

1. 还原全部 CAD 图元

在"建模"选项卡下，点击"图纸操作"栏的"还原 CAD"按钮，拉框选择需要还原的图纸，单击鼠标右键确定，再勾选"CAD 原始图层"即可显示，如图 5-129 所示。

图 5-129　还原全部 CAD 图元

2. 还原部分 CAD 图元

若只需还原部分 CAD 图元，则有三种方式：单图元选择、按图层选择和按颜色选择，如图 5-130 所示。

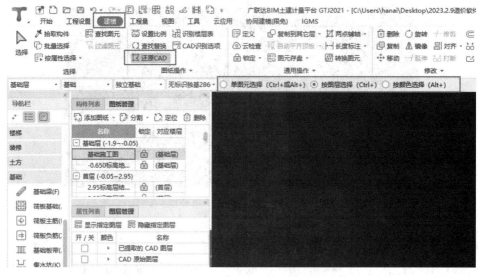

图 5-130　还原部分 CAD 图元

▶▶ 【课后练习】

单项选择题

1. 以下哪种基础类型不能进行软件识别？（　　）

A. 独立基础　　　　　　　　　　B. 桩承台

C. 桩　　　　　　　　　　　　　D. 条形基础

2. 在软件中"识别基础"的基本步骤是（　　）。

A. 提取独基边线→提取独基标识→自动识别→识别独基表

B. 识别独基表→提取独基边线→提取独基标识→自动识别

C. 提取独基标识→自动识别→识别独基表→提取独基边线

D. 自动识别→提取独基标识→提取独基边线→识别独基表

3. 识别独基表相当于手工绘制基础的哪一步？（　　）

A. 新建　　　　　　　　　　　　B. 清单做法套用

C. 绘制　　　　　　　　　　　　D. 修改

4. 提取独基边线选中后，独基边线变成（　　）。

A. 黄色　　　　　　　　　　　　B. 粉色

C. 蓝色　　　　　　　　　　　　D. 红色

5. 提取独基标识或边线时，一般优先按照（　　）点选或框选 CAD 图元。

A. 图元　　　　　　　　　　　　B. 颜色

C. 图层　　　　　　　　　　　　D. 方向

任务二十一　识别墙及门窗

任务说明

根据《宿舍楼施工图》，首层平面布置见附图10"建施-03，一层平面图"，门窗表见附图8"建施-02，工程做法表及门窗表"，首层门窗平面布置见附图10"建施-03，一层平面图"，门窗立面布置见附图11"建施-07，立面图"。

要求在规定时间内，通过CAD识别墙及门窗的方式，完成墙和门窗模型建立工作，并得到相应的清单工程量。

任务分析

1. 准备资料

全套施工图、《房屋建筑与装饰工程工程量计算规范》GB 50584—2013、《混凝土结构施工图平面整体表示方法制图规则和构造详图》(16G101-1)、广联达BIM土建计量平台GTJ2021等。

2. 分析任务

本工程首层结构为框架结构，首层墙为砌体墙，需使用的图纸含完整砌体墙的"首层建筑平面图"。

在墙、柱等识别完成后进行识别门窗的操作。"添加图纸"功能导入CAD图，添加需使用的图纸，包含建筑设计说明(含门窗表)，完成门窗表的识别。

任务实施

1. 识别砌体墙

分割完图纸后，双击进入"首层建筑平面图"，然后进入下一步操作。

在左侧"导航栏"选择"墙"→"砌体墙"，将目标构件定位至"墙"，如图5-131所示。

图5-131　定位"墙"构件

在砌体墙构件下，切换到"建模"选项卡下，在"识别砌体墙"面板中点击"识别砌体墙"命令，如图5-132所示，弹出"识别砌体墙"对话框，如图5-133所示，从上到下，按照"提取砌体墙边线→提取墙标识→提门窗线→识别砌体墙"的流程完成砌体墙的识别。

图 5-132　识别砌体墙的选择

图 5-133　识别砌体墙顺序

1) 提取砌体墙边线

点击"提取砌体墙边线"，利用"单图元选择""按图层选择"或"按颜色选择"的功能选中需要提取的砌体墙边线 CAD 图元。此过程中也可点选或框选需要提取的 CAD 图元，被选中的边线全部变成深蓝色，单击鼠标右键确定，则选择的 CAD 图元自动消失，并存放在"已提取的 CAD 图层"中，如图 5-134 所示。这样便完成了墙边线的提取工作。

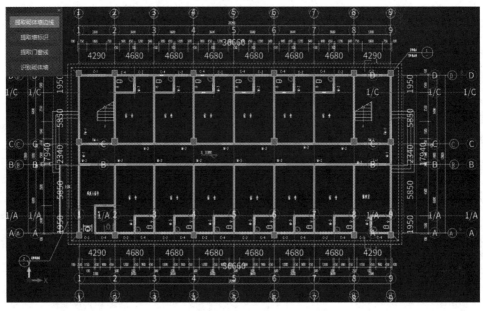

图 5-134　提取砌体墙边线

2) 提取墙标识

点击"提取墙标识"，利用"按图层选择"或"按颜色选择"的功能选中需要提取的砌体墙的名称标识 CAD 图元，也可点选或框选需要提取的 CAD 图元。按软件下方提示，单击鼠标右键确认提取，则选择的墙标注 CAD 图元自动消失，并暂时存放在"已提取的

CAD 图层"中。

3) 提取门窗线

门窗洞口会影响墙的识别，在提取墙边线后，再提取门窗线，可以提升墙的识别率。

在提取墙线完成后，点击选项卡中的"识别墙"→"提取门窗线"，利用"相同图层图元"或"相同颜色图元"的功能选择所有的门窗线，单击鼠标右键完成提取，如图5-135 所示。

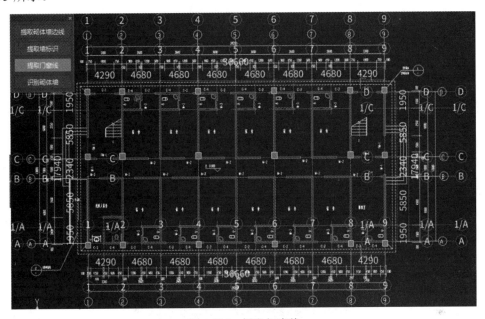

图 5-135　提取门窗线

4) 识别砌体墙

完成提取墙边线和标注操作后，点击"识别"面板中的"识别砌体墙"，如图 5-136 所示，核对砌体墙信息，修改厚度。

	名称	类型	厚度	材质	通长筋	横向短筋	构件来源	识别
1	QTQ-1	砌体墙	200	空心砌块			构件列表	✓
2	QTQ-2	砌体墙	200	空心砌块			构件列表	✓
3	QTQ-3	砌体墙	200	空心砌块			构件列表	✓
4	QTQ-4	砌体墙	200	空心砌块			构件列表	✓
5	QTQ-5	砌体墙	200	空心砌块			构件列表	✓
6	QTQ-6	砌体墙	200	空心砌块			构件列表	✓
7	QTQ-7	砌体墙	140	空心砌块			构件列表	✓
8	QTQ-8	砌体墙	230	空心砌块			构件列表	✓
9	QTQ-9	砌体墙	260	空心砌块			构件列表	✓
10	QTQ-10	砌体墙	280	空心砌块			构件列表	✓
11	QTQ-11	砌体墙	470	空心砌块			构件列表	✓

图 5-136　砌体墙识别信息核对

对砌体墙进行识别，识别的方式有自动识别、点选识别和框选识别 3 种。

(1) 自动识别。选择"自动识别"按钮，弹出图 5-137 所示的提示框。

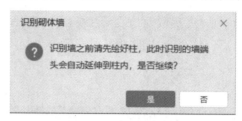

图 5-137　砌体墙的自动识别

如果在识别墙之前，先完成柱识别，软件会自动将墙端头延伸到柱内，墙和柱构件自动进行正确的相交扣减。点击"是"按钮，完成识别。

(2) 点选识别。"点选识别"功能可用于个别构件需要单独识别或自动识别未成功、有遗漏的墙图元。如果点击墙边线，点击的图元厚度不等于构件属性中的厚度，则软件会给出提示。

(3) 框选识别。选择"框选识别"按钮，在"识别列"中勾选需要识别的墙构件，点击"框选识别"按钮，在图中拉框选择墙边线图元，只有完全框住的墙才能被识别。

完成所有砌体墙的识别后，点击"视图"选项卡下"视图"面板中的"动态观察"命令，按住鼠标左键不放，移动鼠标可查看独立基础三维模型，如图 5-138 所示。

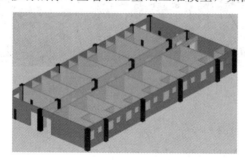

图 5-138　砌体墙三维模型

2. 识别门窗

设计图纸往往会在总说明中列出一张门窗表，其中有门窗的名称及尺寸，此时就可以使用软件提供的"识别门窗表"功能对 CAD 图纸中的门窗表进行识别。

分割完图纸后，双击进入"建筑设计总说明"，然后进入下一步操作。

1) 选择构件

在左侧"导航栏"选择"门窗洞"→"门""门窗洞"→"窗"，将目标构件定位至"门""窗"，如图 5-139 所示。

图 5-139　定位门窗构件

2) 识别门窗表

切换到“建模”选项卡下，在识别门面板中点击“识别门窗表”命令，拉框选择设计说明中门窗表中的数据，如图 5-140 所示，黄色线框为框选的门窗范围，单击鼠标右键确认选择。

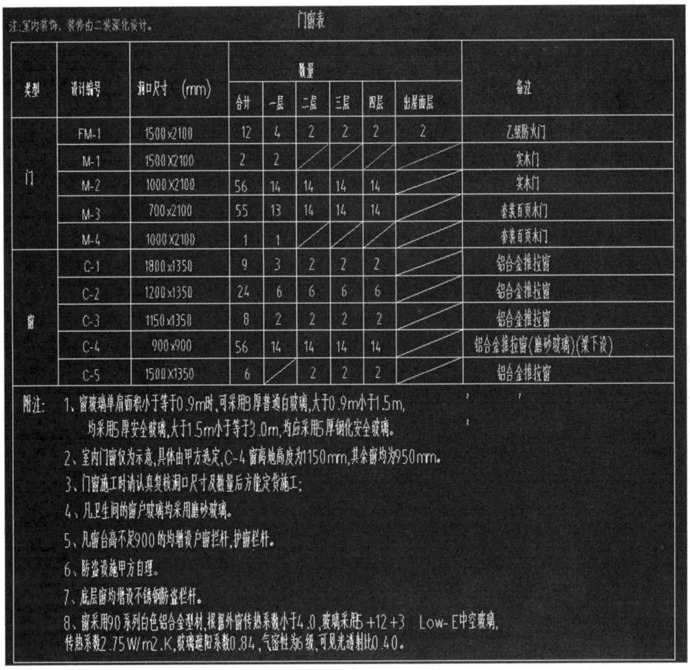

注:室内装饰、装修由二装深化设计。

门窗表

类型	设计编号	洞口尺寸 (mm)	数量						备注
			合计	一层	二层	三层	四层	出屋面层	
门	FM-1	1500x2100	12	4	2	2	2	2	乙级防火门
	M-1	1500X2100	2	2	/	/	/	/	实木门
	M-2	1000X2100	56	14	14	14	14	/	实木门
	M-3	700x2100	55	13	14	14	14	/	套装百页木门
	M-4	1000X2100	1	1	/	/	/	/	套装百页木门
窗	C-1	1800x1350	9	3	2	2	2	/	铝合金推拉窗
	C-2	1200x1350	24	6	6	6	6	/	铝合金推拉窗
	C-3	1150x1350	8	2	2	2	2	/	铝合金推拉窗
	C-4	900x900	56	14	14	14	14	/	铝合金推拉窗(磨砂玻璃)(梁下设)
	C-5	1500X1350	6	/	2	2	2	/	铝合金推拉窗

附注: 1、窗玻璃单扇面积小于等于0.9m时,可采用5厚普通白玻璃,大于0.9m小于1.5m,
均采用5厚安全玻璃,大于1.5m小于等于3.0m,均应采用5厚钢化安全玻璃。
2、室内门窗仅为示意,具体由甲方选定,C-4 窗离地高度为1150mm,其余窗均为950mm。
3、门窗施工时请认真复核洞口尺寸及数量后方能定货施工;
4、凡卫生间的窗户玻璃均采用磨砂玻璃。
5、凡窗台高不足900的均增设户窗栏杆,护窗栏杆。
6、防盗设施甲方自理。
7、底层窗均增设不锈钢防盗栏杆。
8、窗采用90系列白色铝合金型材,根据外窗传热系数小于4.0,玻璃采用5+12+3 Low-E中空玻璃,
传热系数2.75W/m2.K,玻璃遮阳系数0.84,气密性为6级,可见光透射比0.40。

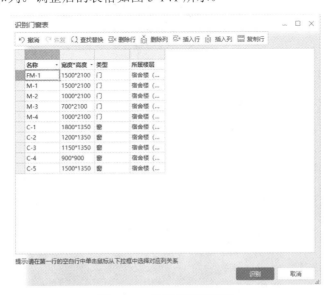

图 5-140 框选门窗表

在“识别门窗表”对话框中选择对应行或者列窗口，使用“删除行”和“删除列”功能删除无用的行和列。调整后的表格如图 5-141 所示。

名称	宽度*高度	类型	所属楼层
FM-1	1500*2100	门	宿舍楼（...
M-1	1500*2100	门	宿舍楼（...
M-2	1000*2100	门	宿舍楼（...
M-3	700*2100	门	宿舍楼（...
M-4	1000*2100	门	宿舍楼（...
C-1	1800*1350	窗	宿舍楼（...
C-2	1200*1350	窗	宿舍楼（...
C-3	1150*1350	窗	宿舍楼（...
C-4	900*900	窗	宿舍楼（...
C-5	1500*1350	窗	宿舍楼（...

图 5-141 识别门窗表调整

点击"识别"按钮，即可将"识别门窗表 - 选择对应列"窗口中的门窗洞信息识别为软件中的门窗洞构件，并弹出提示，如图 5-142 所示。点击"确定"按钮，完成门窗构件的识别。

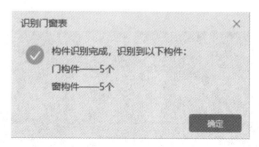

图 5-142 门窗构件的识别生成

3) 识别门窗洞

通过识别门窗表完成门窗的定义后，接下来通过识别门窗洞来完成门窗的绘制。

双击进入"首层平面图"，切换到"建模"选项卡下，在"识别门"面板中点击"识别门窗洞"命令，如图 5-143 所示，弹出识别门窗洞对话框，如图 5-144 所示，按从上到下的顺序进行操作即可。

图 5-143 门窗洞的识别

图 5-144 识别门窗洞顺序

(1) 提取门窗线。该方法同墙功能中的"提取门窗线"。

(2) 提取门窗洞标识。该方法同墙功能中的"提取墙标识"。

(3) 点选识别。点击"自动识别"，提取的门窗标识和门窗线被识别为软件的门窗图元，并弹出识别成功的提示，如图 5-145 所示。

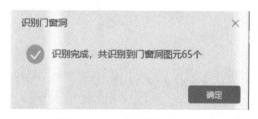

图 5-145 门窗洞的图元识别

3. 动态观察

完成所有砌体墙及门窗的识别后，点击"视图"选项卡下"视图"面板中的"动态观察"命令，按住鼠标左键不放，移动鼠标可查看独立基础三维模型，如图 5-146 所示。

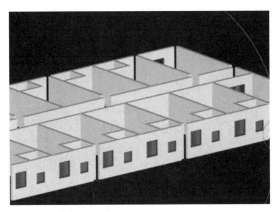

图 5-146　砌体墙及门窗三维模型

知识拓展

对于砌体墙，用"提取砌体墙边线"的方式提取；对于剪力墙，用"提取混凝土墙边线"的方式提取，这样识别的墙体才能分开材质类别。

识别剪力墙的操作和砌体墙的操作一样。

在识别门窗之前，一定要确认已经绘制好墙体。

若未创建门窗构件，软件可以对固定格式进行门窗尺寸解析，如 M0824，软件会自动反建 800 mm × 2400 mm 的门构件。

▶▶【课后练习】

一、单项选择题

1. CAD "识别砌体墙"的基本流程是（　　）。

A. 提取墙标识→提取砌体墙边线→提取门窗线→识别砌体墙

B. 提取砌体墙边线→提取墙标识→提取门窗线→识别砌体墙

C. 提取砌体墙边线→提取门窗线→提取墙标识→识别砌体墙

D. 提取砌体墙边线→识别砌体墙→提取门窗线→提取墙标识

2. 在利用 CAD 识别功能识别门窗洞前，要先识别（　　）。

A. 柱　　　　　　　　　　　　B. 墙

C. 梁　　　　　　　　　　　　D. 板

3. 提取砌体墙边线时，按图层选择功能选中需要提取的砌体墙边线 CAD 图元的快捷键是（　　）。

A. Ctrl+　　　　　　　　　　　B. Alt+

C. Shift+　　　　　　　　　　　D. Tab

二、多项选择题

1. 软件中墙的画法有 (　　　)。

A. 圆弧画法　　　　　　　　　　B. 点画法

C. 智能布置　　　　　　　　　　D. 直线画法

E. 矩形

2. 对砌体墙进行识别，识别的方法有 (　　　)。

A. 按图元识别　　　　　　　　　B. 按图层识别

C. 自动识别　　　　　　　　　　D. 框选识别

E. 点选识别

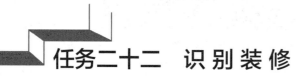

任务二十二　识别装修

 **任务说明**

根据《宿舍楼施工图》，工程做法表见附图 8 "建施 -02，工程做法表及门窗表"，首层平面布置见附图 10 "建施 -03，一层平面图"。

要求在规定时间内，通过 CAD 识别装饰装修做法表的方式，完成装修模型建立工作，并得到相应的清单工程量。

![任务分析] **任务分析**

1. 准备资料

全套施工图、《房屋建筑与装饰工程工程量计算规范》GB 50584—2013、《混凝土结构施工图平面整体表示方法制图规则和构造详图》(16G101-1)、广联达 BIM 土建计量平台 GTJ2021 等。

2. 分析任务

在做实际工程时，通常 CAD 图纸上会带有房间做法明细表，表中注明了房间的名称、位置以及房间内各种地面、墙面、踢脚、天棚、吊顶、墙裙的一系列做法名称。

如果通过识别表的功能能够快速地建立房间及房间内各种细部装修的构件，那么可以极大地提高绘图效率。

 **任务实施**

识别房间装修表有两种方式："按房间识别装修表"和"按构件识别装修表"。

1. 按房间识别装修表

图纸中明确了装修构件与房间的关系，这时可以使用"按房间识别装修表"的功能，以图 5-147 室内装修做法表为例。

室内装修做法表:

房间名称		楼面/地面	踢脚/墙裙	窗台板	内墙面	顶棚	备注
地下一层	排烟机房	地面4	踢脚1	/	内墙面1	天棚1	
	楼梯间	地面2	踢脚1	/	内墙面1	天棚1	
	走廊	地面3	踢脚2	/	内墙面1	吊顶1(高3200)	
	办公室	地面1	踢脚1	有	内墙面1	吊顶1(高3300)	
	餐厅	地面1	踢脚3	/	内墙面1	吊顶1(高3300)	
	卫生间	地面2	/	有	内墙面2	吊顶2(高3300)	一、关于吊顶高度的说明 这里的吊顶高度指的是某层的结构标高到吊顶底的高度。
一层	大堂	楼面3	墙裙1高1200	/	内墙面1	吊顶1(高3200)	
	楼梯间	楼面2	踢脚1	/	内墙面1	天棚1	
	走廊	楼面3	踢脚2	/	内墙面1	吊顶1(高3200)	
	办公室1	楼面1	踢脚1	有	内墙面1	吊顶1(高3300)	二、关于窗台板的说明 窗台板材质为大理石 飘窗窗台板尺寸为: 洞口宽(长)*650(宽) 其他窗台板尺寸为: 洞口宽(长)*200(宽)
	办公室2(含阳台)	楼面4	踢脚3	/	内墙面1	天棚1	
	卫生间	楼面2	/	有	内墙面2	吊顶2(高3300)	
二至三层	楼梯间	楼面2	踢脚1	/	内墙面1	天棚1	
	公共休息大厅	楼面3	踢脚2	/	内墙面1	吊顶1(高2900)	
	走廊	楼面3	踢脚2	/	内墙面1	吊顶1(高2900)	
	办公室1	楼面1	踢脚1	有	内墙面1	天棚1	
	办公室2(含阳台)	楼面4	踢脚3	/	内墙面1	天棚1	
	卫生间	楼面2	/	有	内墙面2	吊顶2(高2900)	
四层	楼梯间	楼面2	踢脚1	/	内墙面1	天棚1	
	公共休息大厅	楼面3	踢脚2	/	内墙面1	天棚1	
	走廊	楼面3	踢脚2	/	内墙面1	天棚1	
	办公室1	楼面1	踢脚1	有	内墙面1	天棚1	
	办公室2(含阳台)	楼面4	踢脚3	/	内墙面1	天棚1	
	卫生间	楼面2	/	有	内墙面2	天棚1	

图 5-147　室内装修做法表

(1) 添加图纸。在"图纸管理"界面点击"添加图纸"按钮，添加一张带有装修做法表的图纸。

(2) 在左侧"导航栏"选择"装修"→"房间"，切换到"建模"选项卡下，在"识别房间"面板中点击"按房间识别装修表"命令，如图 5-148 所示。

(3) 鼠标左键拉框选择装修表，单击鼠标右键确认。在"按构件识别装修表"对话框中，在第一行的空白行中单击鼠标左键，从下拉框中选择与装修表对应的标题，点击"识别"按钮，调整后如图 5-149 所示。识别成功后，软件会提示识别到的构件个数，如图 5-150 所示。

按构件识别装修表
按房间识别装修表
识别Excel装修表
识别房间

图 5-148　选择按房间识别装修表

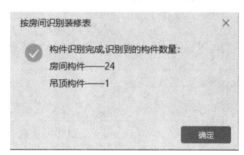

图 5-149 装修表的对应调整

图 5-150 装修构件的识别个数

2. 按构件识别装修表

图纸中没有体现房间与房间内各装修之间的对应关系，在此假设装修表如表 5-1 所示。

表 5-1 装 修 表

装修一览表				
类 别	名 称	使用部位	做法编号	备 注
地面	水泥砂浆地面	全部	编号1	
楼面	陶瓷地砖地面	一层楼面	编号2	
楼面	陶瓷地砖地面	二至五层的卫生间、厨房	编号3	
楼面	水泥砂浆楼面	除卫生间、厨房外	编号4	水泥砂浆找平

(1) 在"图纸管理"界面点击"添加图纸"按钮，添加一张带有装修做法表的图纸。

(2) 在左侧"导航栏"选择"装修"→"房间",切换到"建模"选项卡,在"识别房间"面板中点击"按构件识别装修表"命令,如图 5-151 所示。

(3) 按住鼠标左键框选装修表,单击鼠标右键确认。在"按构件识别装修表"对话框中,在第一行的空白行中单击鼠标左键,从下拉框中选择对应关系,如图 5-152 所示。点击"识别"按钮,识别完成后软件会提示识别到的构件个数。

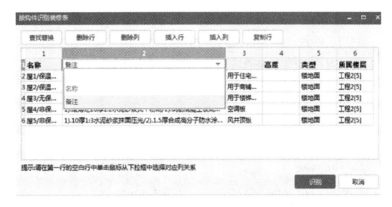

图 5-151　按构件识别装修表　　　　　　图 5-152　按构件识别装修表对话框

小提示

　　按构件识别需要在识别完装修构件后建立房间构件,然后把识别好的装修构件依附到房间里,最后画房间。

3. 动态观察

完成所有装修构件识别并绘制完成房间装修后,点击"视图"选项卡下"视图"面板中的"动态观察"命令,按住鼠标左键不放,移动鼠标可查看房间装修三维模型,如图 5-153 所示。

图 5-153　房间装修三维模型

 知识拓展

　　房间装修表识别成功后，软件会按照图纸上房间与各装修构件的关系自动建立房间，并自动依附装修构件。按构件识别装修则需要在识别完装修构件后再建立房间构件，然后把识别好的装修构件依附到房间里，最后画房间。

　　在识别装修表时，对于构件类型识别错误的行，可以调整"类型"列中的构件类型。

　　利用表格的一些功能可对表格内容进行核对和调整，删除无用的部分。

　　需要对应装修表信息，在第一行的空白行处单击鼠标左键，从下拉框中选择对应列关系，如第一列识别的抬头为空，则对应的第一行应选择"房间"。

▶▶ 【课后练习】

一、判断题

1. 按房间识别装修表后，房间装修即布置完成。　　　　　　　　　　　　　　（　　）

2. 按构件识别装修表相当于手工新建装饰装修构件。　　　　　　　　　　　　（　　）

3. 房间装修表识别成功后，软件会按照图纸上房间与各装修构件的关系自动建立房间，并自动依附装修构件。　　　　　　　　　　　　　　　　　　　　　　　　　（　　）

二、多项选择题

1. 识别房间装修表的方式有（　　）。

A. 按房间识别装修表　　　　　　　B. 按构件识别装修表

C. 识别 Excel 表格　　　　　　　　D. 识别工程做法明细

E. 识别门窗表

2. 以下图标不是动态观察的有（　　）。

A. ⬭　　B. 🔲3D　　C. 🔲　　D. 🔲　　E. 🔲

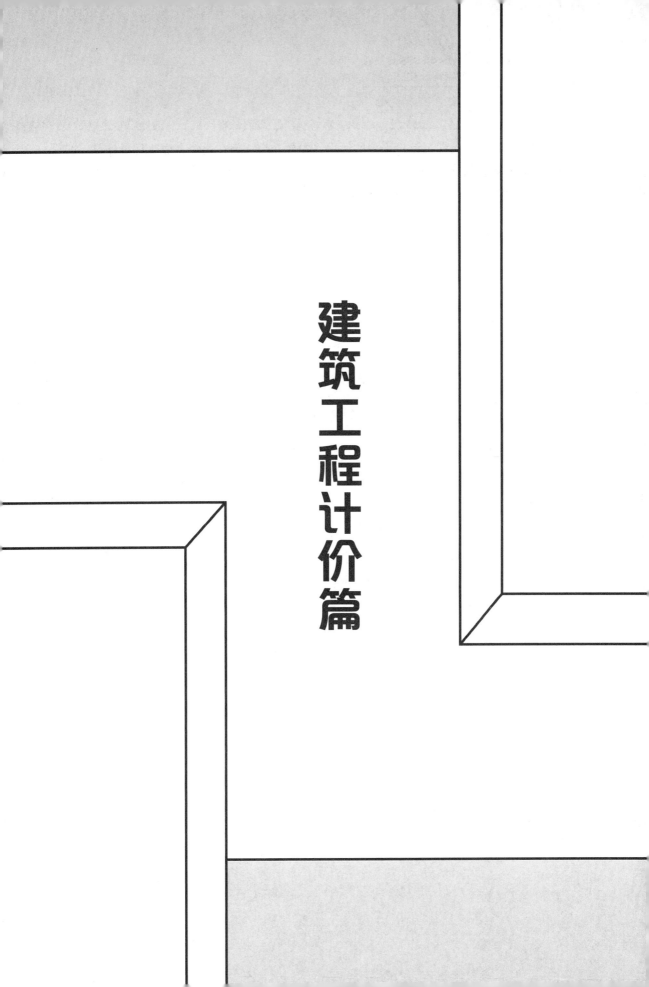

建筑工程计价篇

建筑工程计价篇即云计价平台的运用，主要介绍如何在已经完成工程量计算，即用广联达 BIM 土建计量平台 GTJ2021 完成土建模型算量的基础上，运用广联达的云计价平台 GCCP6.0 软件进一步完成招标控制价编制的全过程。

第 6 章　招标控制价编制

知识目标

1. 了解清单编制说明的基本内容；
2. 了解招标控制价的编制流程和依据；
3. 掌握工程量清单样表。

能力目标

1. 理解招标控制价的编制依据；
2. 完成招标控制价的编制。

职业道德与素质目标

1. 忠于事实，遵循市场价格，具有职业操守；
2. 廉洁自律，洁身自爱，勇于承担对社会、对职业的责任。

任务二十三 新建招标项目

任务说明

宿舍楼新建工程已在广联达 BIM 土建算量平台 GTJ2021 中完成了钢筋和土建工程量的计算，下一步工作是编制招标控制价。

要求在广联达云计价平台中完成招标项目的建立，需要完善项目信息、编制说明，并新建单位工程。

任务分析

1. 准备资料

全套施工图、《房屋建筑与装饰工程工程量计算规范》GB 50584—2013、2020 年《四川省建设工程工程量清单计价定额》、广联达云计价平台 GCCP6.0。

2. 分析任务

工厂、小区、开发区等项目进行招投标时，需要新建项目并根据项目组成划分单项、单位工程。一般一个工程建设项目可分为若干个单项工程，一个单项工程又可分为若干个单位工程，一个单位工程又可分为若干个分部工程，这样便于分类计价。

任务实施

1. 新建项目

双击"广联达云计价平台"打开软件。点击"新建预算"，选择"招标项目"，进入新建页面，如图 6-1 所示。

图 6-1　新建预算→招标项目

本项目的计价方式为"清单计价"，项目名称为"宿舍楼"，项目编号为"001"。修改项目信息如图 6-2 所示。修改完成后，点击"立即创建"按钮。

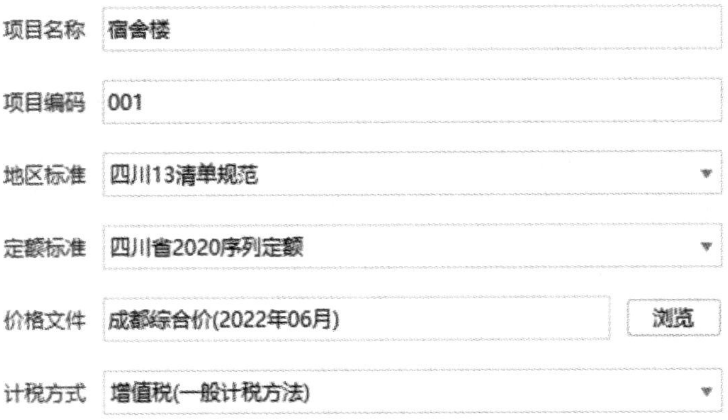

项目名称 宿舍楼
项目编码 001
地区标准 四川13清单规范
定额标准 四川省2020序列定额
价格文件 成都综合价(2022年06月)
浏览
计税方式 增值税(一般计税方法)

图 6-2　创建招标项目

软件自动跳转到“项目信息”导航栏，如图 6-3 所示，可在此处查看、修改项目信息、工程概况、造价一览和编制说明等内容。

文件 编制 报表 指标 指标神器 电子标 审核 帮助
标书体检 费用查看 统一调价 全费用切换 设置招标编码 调整清单流水码 清单横向对比 工具 智能组价 云检查
宿舍楼
项目结构
新建 导入导出
宿舍楼
单项工程
单位工程
造价分析 项目信息 取费设置 人材机汇总
项目信息
工程概况
造价一览
编制说明
名称
1 基本信息
18 招标信息

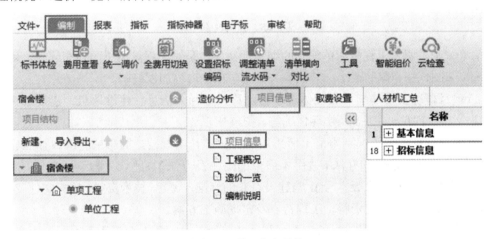

图 6-3　项目信息导航

1) 项目信息

根据项目实际情况填写列表中的基本信息和招标信息。注意红色字体信息，在导出电子标书时，该部分为必填项，如图 6-4 所示。

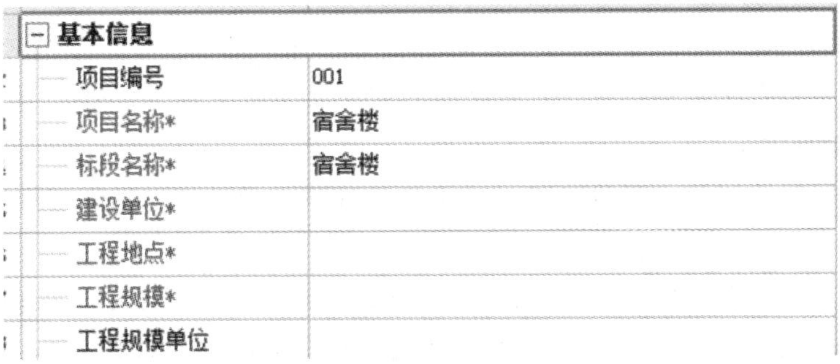

基本信息
项目编号 001
项目名称* 宿舍楼
标段名称* 宿舍楼
建设单位*
工程地点*
工程规模*
工程规模单位

图 6-4　填写项目信息

2) 编制说明

在编制预算过程中，预算编制人员需要根据工程概况、编制依据 (选用的定额、取费标准、施工图纸、其他相关材料) 等信息填写编制说明。点击"编制说明"即可看到编制说明编辑区域。在编辑区域点击"编辑"，然后根据工程概况、编制依据等信息编写编制说明，并且可以根据需要对字体、格式等进行调整，如图 6-5 所示。

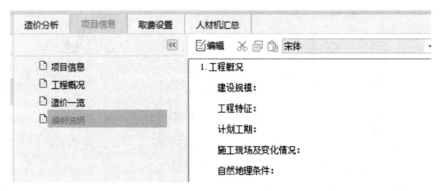

图 6-5　编制说明

清单编制说明是工程量清单编制的纲领性文件，是对工程量清单的补充解释，可按项目概况、编制依据、编制范围、其他有关说明等部分内容加以编制。

(1) 项目概况主要编制内容应体现项目名称、招标人信息、建设地点、建设规模、工程特征、计划工期、施工现场实际情况等。

(2) 编制依据主要为编制本清单所采用的计价和计量规范，国家或省级、行业建设主管部门颁发的计价定额和办法 (适用本清单的定额及办法)，建设工程设计文件 (需特别注明设计图纸出图日期及版本号)，与建设有关的标准、规范、技术资料，招标文件及答疑，施工现场情况，勘察水文资料，工程特点及常规施工方案。

(3) 编制范围应简要概述标段划分原则，清单所包含的各专业工程及不同标段交接面、专业分包工程内容及其总包服务内容 (如有)，已完成招标工程的交接面等。

(4) 其他有关说明主要包含如下方面：

① 对本项目有无暂列金额进行描述，如有，应对其计入的金额及在哪个单位工程计入等加以具体说明。

② 对本项目有无暂定主材设备价进行描述，如有，应对其主材设备名称及金额加以说明。

③ 对本项目专业工程暂估价进行描述，并对暂估价的名称、内容、金额及在哪个单位工程计入加以具体说明。

④ 对本项目拟采用的人工价格和材料价格基准期进行说明，可作为材料和人工调差基准期依据。

⑤ 对本项目不可竞争费 (如安全文明施工费、规费、税金) 所采用的计费基数及费率进行说明。现阶段各省对安全文明施工费、规费的计费基数及费率不统一，在编制清单中进行提醒说明，方便投标人快速报价。

⑥ 对工程量清单中特征描述进行统一补充说明，例如抹灰工程均采用预拌砂浆，可不在清单中逐条清单描述，统一在清单编制说明中注明即可。

⑦ 如在编制清单中存在计算规则或工作内容与清单规范不相同时，应特别补充说明。

⑧ 对特殊施工工艺或非常规施工方案应进行必要的说明，方便投标人快速报价，减少结算争议。

⑨ 在编标时，若图纸中存在矛盾或疑问及无法准确计量而需要进行报价的清单等特殊情况，在编制清单中需根据自身方案编制工程量清单并加以说明，以方便施工过程控制和结算。

2. 新建单位工程

右键单击"单位工程"节点，选择对应专业完成新建，如图 6-6 所示。

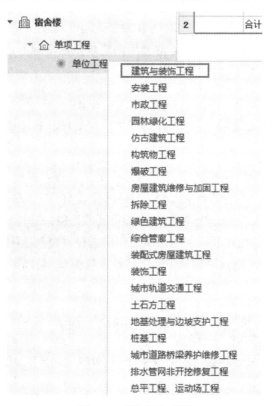

图 6-6　新建单位工程

任务二十四　招标工程编制

任务说明

宿舍楼新建工程的招标工作需要编制招标控制价。

要求在广联达云计价平台中导入算量工程文件，并补充完整分部分项工程清单、措施项目清单和其他项目清单。

任务分析

1. 准备资料

全套施工图、《房屋建筑与装饰工程工程量计算规范》GB 50584—2013、2020 年《四川省建设工程工程量清单计价定额》、广联达 BIM 土建计量平台 GTJ2021、广联达云计价平台 GCCP6.0。

2. 分析任务

招标工程编制主要指编制完整的招标控制价，包括分部分项工程量清单、措施项目清单、其他项目清单和规费税金等。广联达 BIM 平台可以通过"量价一体化"功能项，将 GTJ 文件导入计价软件 GCCP6.0，在之前套用的清单做法基础上，补充遗漏清单项目。

任务实施

在算量软件中计算完工程量后，在计价工程中需要统计各清单 / 子目列项的工程量。

1. 量价一体化

打开计价工程，在项目结构树中点击选择"单位工程"里的"建筑与装饰工程"，在功能区的"量价一体化"下拉菜单中选择"导入算量文件"，如图 6-7 所示。选择相应的算量工程文件，点击"导入"，在弹出的"导入算量区域"窗口选择导入算量工程的结构，勾选需要导入的算量单位工程并默认"导入做法"后选择"导入结构"为"全部"，点击"确定"按钮，如图 6-8 所示。进入"算量工程文件导入"窗口，勾选需要导入的文件，点击"导入"即可，如图 6-9 所示。

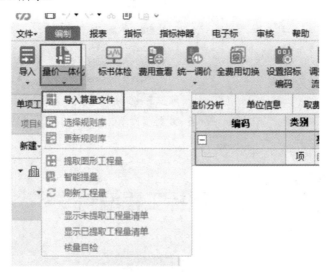

图 6-7　导入算量文件

图 6-8　选择导入算量区域窗口

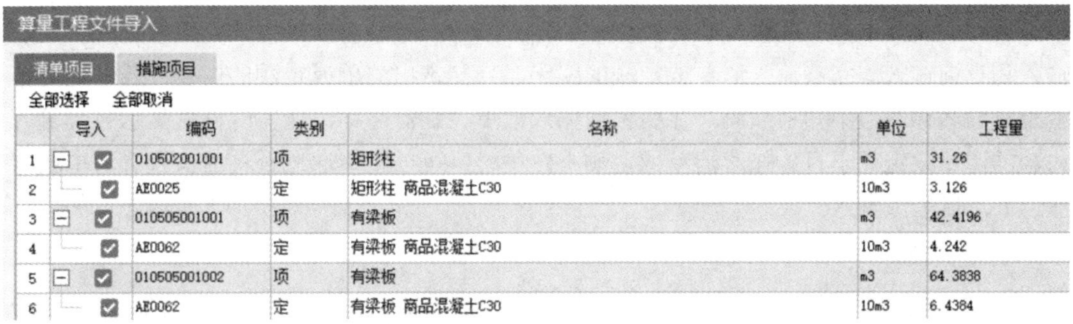

	导入	编码	类别	名称	单位	工程量
1	☑	010502001001	项	矩形柱	m3	31.26
2	☑	AE0025	定	矩形柱 商品混凝土C30	10m3	3.126
3	☑	010505001001	项	有梁板	m3	42.4196
4	☑	AE0062	定	有梁板 商品混凝土C30	10m3	4.242
5	☑	010505001002	项	有梁板	m3	64.3838
6	☑	AE0062	定	有梁板 商品混凝土C30	10m3	6.4384

图 6-9　算量工程文件导入窗口

在计价工程中导入算量工程后，不套做法的工程直接在计价工程中提取算量工程量。在
"量价一体化"下拉菜单中点击"提取图形工程量"，如图 6-10 所示。在弹出的"提取图
形工程量"窗口选择对应构件及工程量，点击"应用"即可，如图 6-11 所示。

图 6-10　提取图形工程量功能

图 6-11　提取图形工程量窗口

2. 清单、定额子目输入

算量软件未计算列项的部分手算项目，"量价一体化"功能无法导入计价软件，可以单独在计价软件中补充完整。在计价软件中输入清单、定额有 3 种方式：直接输入、关联输入和查询输入。完整输入清单或定额的编码会直接带出清单或定额的内容；若知道清单或定额的名称，但不知道编码，在名称列输入清单、定额名称，能实时检索显示包含输入内容的清单或定额子目；在对清单或定额不熟悉时，可以直接通过查询窗口查看清单或定额，并可以完成输入。

1) 直接输入

在"一级导航栏"中选择"编制"，在"项目结构树"中选择"单位工程"，在"二级导航栏"中选择"分部分项"，然后选中"编码"列，直接输入完整的清单编码 (如平整场地 010101001001)，单击回车键确定，软件自动带出清单名称、单位，如图 6-12 所示。定额输入方法同清单输入方法。

造价分析	单位信息	取费设置	分部分项	措施项目	其他项目	人材机汇总	费用汇
编码		类别	名称		单位	工程量表达式	含量
−			整个项目				
+ 010502001001		项	矩形柱		m3	1	
010101001001		项	平整场地		m2	1	
+ 010505001001		项	有梁板		m3	1	
+ 010505001002		项	有梁板		m3	1	

图 6-12　直接输入清单定额

2) 关联输入

关联输入需要先进行设置，在"一级导航栏"中点击"文件"，在下拉菜单中选择"选项"，如图 6-13 所示。在弹出的"选项"对话框中，点击"输入选项"中的"输入名称时可查询当前定额库中的子目或清单"选项，如图 6-14 所示。

图 6-13 选项功能   图 6-14 选项窗口

在"一级导航栏"中选择"编制"，在"项目结构树"中选择"单位工程"，在"二级导航栏"中选择"分部分项"，然后选择项目名称列，输入清单名称（如矩形柱），软件实时检索出相应的清单项，鼠标点选清单项，即可完成输入。在编制清单时，如果不知道清单项的完整名称，只知道关键词，则可以直接输入关键字，软件也会自动检索，如矩形柱，输入"柱"即可，如图 6-15 所示。定额输入方法同清单输入方法。

图 6-15 检索清单名称

3) 查询输入

在"一级导航栏"中选择"编制",在"项目结构树"中选择"单位工程",在"二级导航栏"中选择"分部分项",在"功能区"的"查询"下拉菜单中选择"查询清单"功能,如图 6-16 所示;在弹出的"查询"窗口,按照章节查询清单,找到目标清单项后,将其选中,然后点击"插入"或"替换",完成输入,如图 6-17 所示。定额输入方法同清单输入方法。

图 6-16　查询清单功能

图 6-17　查询清单窗口

通过查询"清单指引"功能可以快速完成清单及定额子目的输入,如图 6-18 所示。

图 6-18　清单指引功能

3. 项目特征描述

清单规范中规定，清单必须载明项目特征。在编制过程中，一般分两种情况：一是在 GTJ 计算软件中，清单项目已列出项目特征的，导入 GCCP 计价软件时，相应清单项目的特征会自动录入相应的特征值；二是清单项未列出项目特征的，需要手动输入文本。

在"一级导航栏"中选择"编制"，在"项目结构树"中选择"单位工程"，在"二级导航栏"中选择"分部分项"，选中"数据编辑区"的某清单项,点击属性区的"特征及内容"。在"特征及内容"中，根据工程实际选择或输入项目特征值，如图 6-19 所示。选择完成后，软件会自动同步到清单项的项目特征框。在"特征及内容"中或在编制窗口的"项目特征方案"中，均可直接修改清单项目特征内容，如图 6-20 所示。

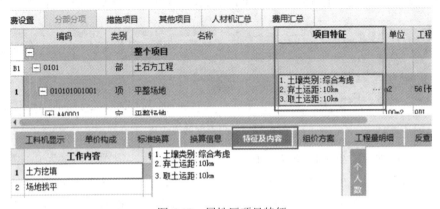

图 6-19 属性区项目特征

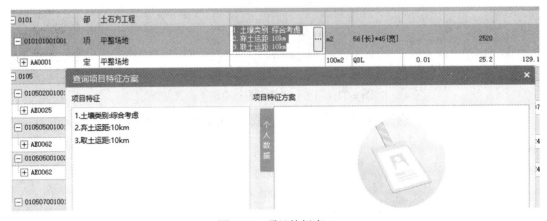

图 6-20 项目特征窗口

4. 工程量输入

在实际工作中，清单的工程量一般是通过算量软件计算或手算得到，但提量时需要将多个部位的工程量加在一起，并将计算过程作为底稿保留在清单项中。在"一级导航栏"中选择"编制"，在"项目结构树"中选择"单位工程"，在"二级导航栏"中选择"分部分项"，然后选中一清单行，点击"工程量表达式"，输入各工程量，进行计算。计算式输入完成后，敲击回车，工程量自动计算完成。在输入工程量表达式时，可以使用大括号对各部分工程量进行备注，方便后期查看，如图 6-21 所示。

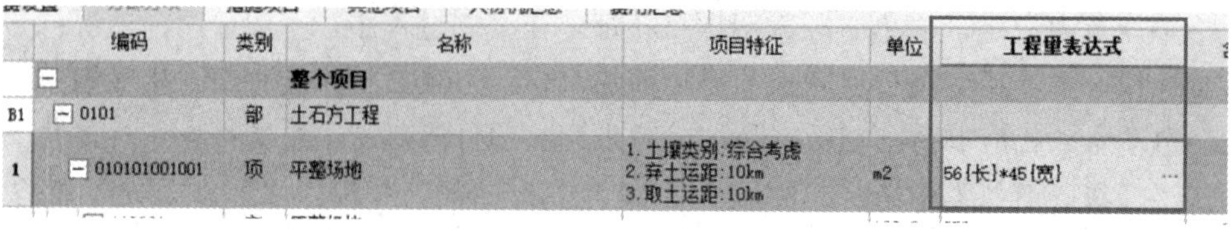

图 6-21　清单工程量表达式

根据定额工程量与清单工程量的不同关系，定额工程量的输入有不同方式。如果清单工程量和定额工程量的单位相同，套用定额后，定额工程量表达式自动输入"QDL"，即定额工程量等于清单量，根据定额扩大单位倍数，"含量"处自动调整，如图 6-22 所示。

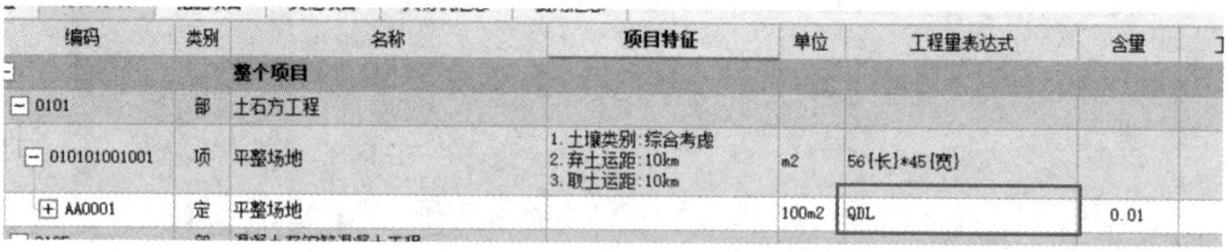

图 6-22　定额工程量表达式

当定额工程量与清单工程量含义不同时，套用定额后，定额工程量为 0，需要自行输入正确的定额工程量，如图 6-23 所示。散水清单工程量计算的是面积，单位为 m^2，散水定额工程量计算的是体积，单位为 m^3，所以套用散水定额后工程量为 0。点击定额项目"工程量表达式"，在弹出的"编辑工程量表达式"窗口输入正确的表达式，如图 6-24 所示。

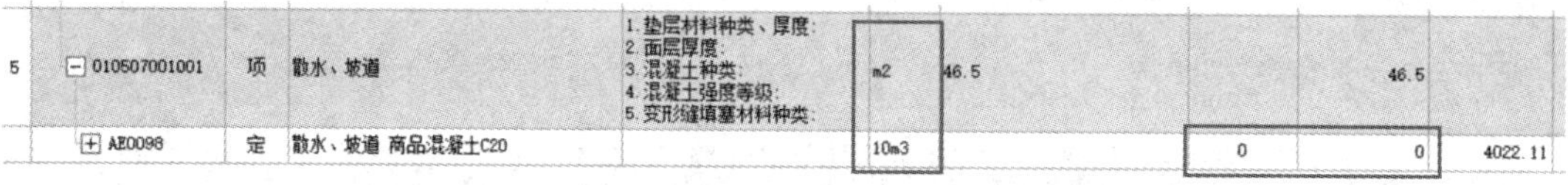

图 6-23　清单与定额工程量单位不一致

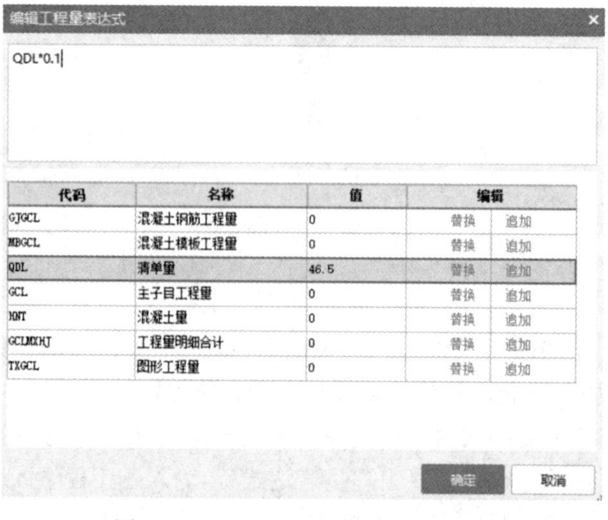

图 6-24　定额编辑工程量表达式窗口

5. 工程整理

工程的工程量清单编制完成后，一般需要按清单规范（或定额）提供的专业、章、节进行归类整理。特别是当多人完成同一个招标文件编制时，不同楼号录入的清单顺序差异较大，以及由于过程中对编制内容的删减和增加，造成清单的流水码顺序有误，希望通过清单排序将清单按顺序进行排列，既保证几个工程清单顺序基本一致，又保证查看时清晰易懂。

1) 分部整理

在"一级导航栏"中选择"编制"，在"项目结构树"中选择"单位工程"，在"二级导航栏"中选择"分部分项"，然后选中所有项目清单，点击"功能区"中的"整理清单"，选择"分部整理"，如图 6-25 所示。

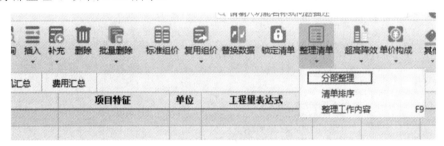

图 6-25　分部整理功能

弹出的"分部整理"窗口如图 6-26 所示。根据需要选择按专业、章、节进行分部整理，然后点击"确定"按钮，软件即可自动完成清单项的分部整理工作，如图 6-27 所示。

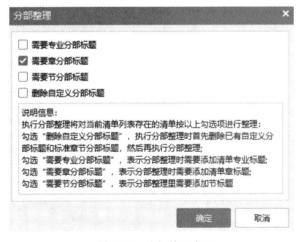

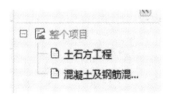

图 6-26　分部整理窗口　　　　　图 6-27　完成分部整理后

2) 清单排序

在"一级导航栏"中选择"编制"，在"项目结构树"中选择"单位工程"，在"二级导航栏"中选择"分部分项"，然后选中所有项目清单，点击"功能区"中的"整理清单"，选择"清单排序"，如图 6-28 所示。

图 6-28　清单排序功能

在"清单排序"窗口，根据需要选择"保存清单顺序"或"清单排序"，然后点击"确定"按钮，软件即可自己完成清单排序，如图 6-29 所示。

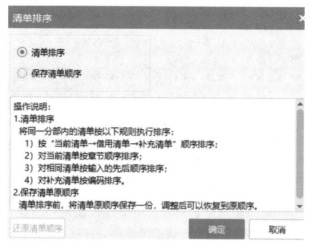

图 6-29　清单排序窗口

6. 措施、其他项目编制

1) 取费设置

取费设置是整个工程编制之前的基础，包括人工费调整和综合费、总价措施费、规费及税金。在计价软件中的项目工程或单位工程界面可以看到取费设置界面，"单项工程"没有取费设置。以项目工程进行取费设置为例。在"一级导航栏"中选择"编制"，在"项目结构树"中选择"项目工程"，在"二级导航栏"中选择"取费设置"，如图 6-30 所示。

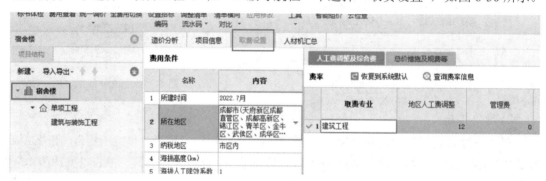

图 6-30　取费设置

在"取费设置"页面,左边的"费用条件"可以选择工程所建时间和所在地区,如图 6-31 所示,"所建时间"选择输入"2022.7 月","所在地区"选择第一个,即"成都市"。右边的人工费等费率根据不同地区、不同时间设置相应自动改变,也可自行修改。点击"查询费率信息",可以查看不同专业、不同时间的费率,如图 6-32 所示。

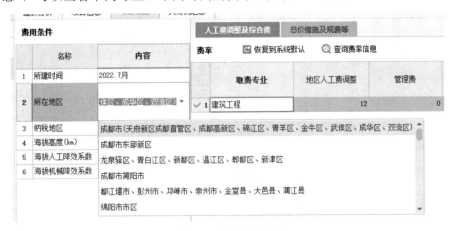

图 6-31　修改费用条件

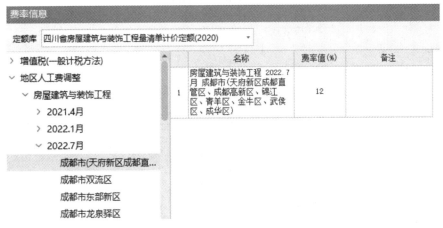

图 6-32　查询费率信息

2) 措施项目清单

措施项目清单包括总价措施和单价措施。总价措施以计算公式组价,为计费基数乘以费率;单价措施为可计量清单组价,其组价方式与分部分项一致。

清单规范中明确指出部分措施项目的计算规则为计算基数×费率,因此在编制时,需要根据实际情况查询选择费用代码作为取费基数。同时,由于各地的费率值较多且不同,可以在软件中直接查询费率值。在"一级导航栏"中选择"编制",在"项目结构树"中选择"单位工程",在"二级导航栏"中选择"措施项目",然后选择需要修改的清单项,点击"计算基数",在"费用代码"窗口中双击选择需要的费用代码,添加到计算基数中,如图 6-33 所示。

图 6-33 计算基数费用代码

在"一级导航栏"中选择"编制"，在"项目结构树"中选择"单位工程"，在"二级导航栏"中选择"措施项目"，选中需要修改的清单项，点击"费率"，软件会自动弹出费率查询框，然后可根据需要查询相应的费率值，如图 6-34 所示。

图 6-34 措施清单费率

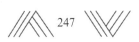

3) 其他项目清单

其他项目清单包括暂列金额、专业工程暂估价、计日工费用和总承包服务费，可通过点击"其他项目"查看，如图 6-35 所示。

	序号	名称	单位	计算基数	费率(%)	金额
1	-	其他项目				1718369.2
2	1	暂列金额	项	暂列金额		105531.2
3	2	暂估价	项	专业工程暂估价		80000
4	2.1	材料暂估价	元	ZGJCLHJ		
5	2.2	专业工程暂估价	元	专业工程暂估价		80000
6	3	计日工	元	计日工		1283
7	4	总承包服务费	元	总承包服务费		

图 6-35　其他项目清单

(1) 添加暂列金额。点击"暂列金额"，暂列金额可以设置为固定金额，也可以按照费率计算，具体根据招标文件要求设置，如图 6-36 所示。

	序号	招标编码	名称	计量单位	计算基数	费率(%)	暂定金额	备注
1	1	001	暂列金额	元			100000	
2		002	暂列金额	元	FBFXHJ	10	5720.56	

图 6-36　暂列金额

(2) 添加专业工程暂估价。以"玻璃幕墙为暂估工程 500 000"为例。点击"专业工程暂估价"，在工程名称中输入"玻璃幕墙工程"，在金额处输入"500 000"，如图 6-37 所示。

	序号	招标编码	工程名称	工程内容	金额	备注
1	1	001	玻璃幕墙工程		500000	

图 6-37　专业工程暂估价

(3) 添加计日工费用。计日工费用指的是完成除发包人施工图纸以外的零星工作等工程内容，需要单独计算的其他项目费。点击"计日工费用"，在相应的工种输入暂估数量和单价，如图 6-38 所示。

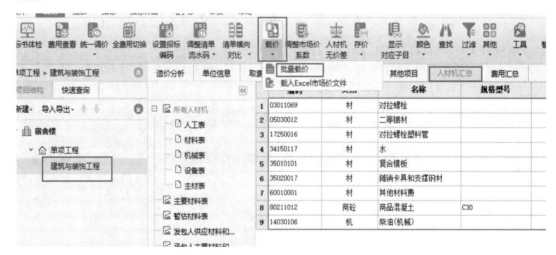

图 6-38　计日工费用

7. 人材机编制

在编制招标文件时，编制工作完成后，在人材机汇总界面载入市场价文件，完成市场价调整，或者自己手动修改材料市场价，完成调价工作。

1) 载入市场价

在"一级导航栏"中选择"编制"，在"项目结构树"中选择"单位工程"，在"二级导航栏"中选择"人材机汇总"，点击"功能区"的"载价"，选择"批量载价"，如图 6-39 所示。

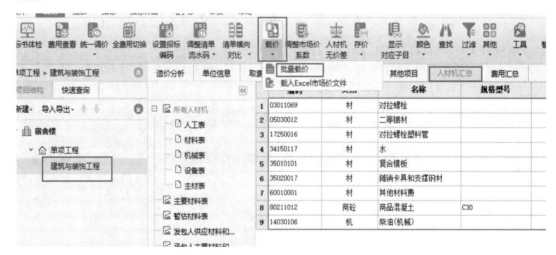

图 6-39　批量载价

在弹出的窗口中，根据工程实际选择需要载入的某一期信息价，然后点击"下一步"，在"载价结果预览"窗口可以看到待载价格和信息价，根据实际情况也可以手动更改待载价格，完成后点击"下一步"完成载价，如图 6-40 所示。

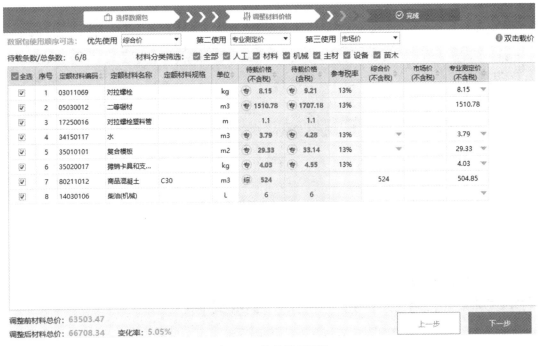

图 6-40　载价结果预览

2) 调整甲供材料

按照招标文件的要求，对于甲供材料可以在"供货方式"处选择"甲供材料"，如图 6-41 所示。

名称	规格型号	单位	不计税设备	供货方式	市场
对拉螺栓		kg	☐	自行采购	
二等锯材		m3	☐	自行采购	
对拉螺栓塑料管		m	☐	自行采购	
水		m3	☐	自行采购	
复合模板		m2	☐	自行采购	
摊销卡具和支撑钢材		kg	☐	〔摊销卡具〕▼	
其他材料费		元	☐	自行采购	
商品混凝土	C30	m3	☐	甲供材料	
柴油(机械)		L	☐	甲定乙供	

图 6-41　调整甲供材料

3) 暂估材料价调整

按照招标文件要求，对于暂估材料表中要求的暂估材料，可以在"人材机汇总"中将暂估材料选中，如图 6-42 所示。设置成暂估价材料，材料价不计入总价。

名称	规格型号	单位	价差合计	是否暂估	不计税设备	供货方式
对拉螺栓		kg	96.37	☐	☐	自行采购
二等锯材		m3	-966.82	☐	☐	自行采购
对拉螺栓塑料管		m	0	☐	☐	自行采购
水		m3	47.44	☐	☐	自行采购
复合模板		m2	1656.91	☐	☐	自行采购
摊销卡具和支撑钢材		kg	-52.69	☐	☐	甲供材料 ▾
其他材料费		元	0	☐		甲供材料
商品混凝土	C30	m3	11436.19	☐	☐	自行采购
柴油(机械)		L	0		☐	自行采购

图 6-42　暂估材料价格调整

任务二十五　生成招标文件

任务说明

宿舍楼新建工程的招标工作需要编制招标控制价。

要求在广联达云计价平台中根据招标文件内容和已经编制好的各项清单,生成招标书并导出招标控制价报表。

任务分析

1. 准备资料

全套施工图、《房屋建筑与装饰工程工程量计算规范》GB 50584—2013、2020 年《四川省建设工程工程量清单计价定额》、广联达云计价平台 GCCP6.0。

2. 分析任务

根据招标要求的不同,云计价平台可以导出不同格式的招标文件,计价软件可以直接导出电子标书,也可以导出招标控制价报表。

任务实施

1. 项目自检

在"一级导航栏"中选择"编制",点击"标书体检"进入全面体检,如图 6-43 所示。

生成标书之前，建议您进行全面体检！

编制依据

《四川省建设工程造价电子数据标准》DBJ51/T048-2021

《建设工程工程量清单计价规范》GB50500-2013

《四川省房屋建筑和市政工程工程量清单招标投标报价评审办法》川建行规〔2021〕3号

《四川省房屋建筑和市政工程工程量清单招标投标报价评审办法_答疑》川建造价发〔2021〕65号

《四川省住房和城乡建设厅进一步规范工程量清单招标投标报价规费计取和评审的通知》川建造价发〔2018〕804号

《成都市公共资源交易中心电子辅助评标系统》清标规则

图 6-43　标书体检

根据检查结果进行修改。

2. 生成招标书

在"一级导航栏"中选择"电子标"，点击"生成招标书"命令，软件会弹出"友情提示"窗口，如图 6-44 所示。假如生成标书前未进行项目自检，则可点击"是"按钮，进入"项目自检"界面，软件自动进行自检；假如已进行过项目自检，则可点击"否"按钮。

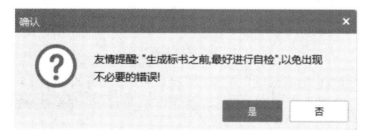

图 6-44　友情提示窗口

在弹出的"导出标书"对话框中，选择导出位置和需要导出的标注类型，点击"确定"按钮即可导出招标书，如图 6-45 所示。

图 6-45　导出标书窗口

3. 导出招标控制价报表

工程招标控制价编制完成后，软件满足用户导出 Excel、PDF 报表打印，如果没有相应报表，则可在报表管理中找到后台保存的报表，或者自己新建报表按照招标方格式要求设计，最后把这些报表进行排序、批量打印或导出。

将光标定位到"一级导航栏"的"报表"，在选择功能区点击"批量导出 Excel"或"批量导出 PDF"。现以"批量导出 Excel"为例进行操作。点击"批量导出 Excel"，如图 6-46 所示。

图 6-46　报表

云计价平台可以根据不同用户需求选择报表类型；用户可以批量对报表进行选择，或者可以批量选择 / 取消同名报表，也可以根据上移、下移命令调整报表的顺序，如图 6-47 所示。

用户可以在"导出设置"中对 Excel 的页眉页脚位置、导出数据模式、批量导出 Excel 选项进行选择，如图 6-48 所示。如果导出报表需要连续编码导出时，可勾选"连码导出"，并设置起始页。

图 6-47　批量导出 Excel 窗口

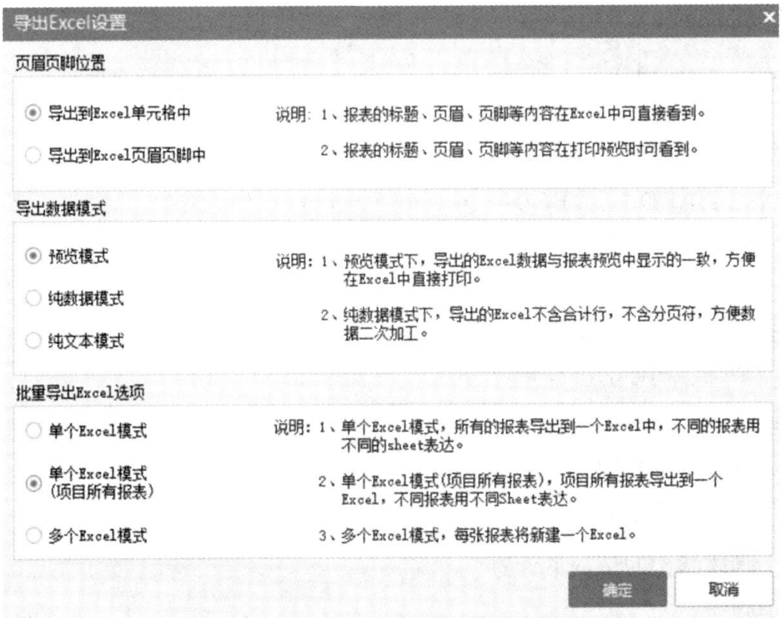

图 6-48　导出设置窗口

附录一　习题参考答案

第 2 章　建模准备

任务一　新建工程

判断题

1. × 　2. √ 　3. √ 　4. × 　5. √

任务二　工程设置

判断题

1. × 　2. × 　3. √ 　4. √ 　5. √

任务三　新建轴网

判断题

1. × 　2. √ 　3. √ 　4. √ 　5. ×

第 3 章　结构工程量的计算

任务四　柱的工程量计算

一、单项选择题

1. B 　2. A 　3. D

二、多项选择题

1. ABCE 　2. AB

任务五　梁的工程量计算

单项选择题

1. D 　2. A 　3. A 　4. C 　5. C

任务六　板及板筋的工程量计算

多项选择题

1. ABCDE 　2. ABDE 　3. BCDE 　4. ABCE 　5. ABC

任务七　楼梯的工程量计算

判断题

1. × 　2. × 　3. √ 　4. √ 　5. ×

任务八　基础层构件的工程量计算

多项选择题

1. BC 　2. ABCD 　3. CD 　4. ABCD

第 4 章　建筑工程量的计算

任务九　砌体结构的工程量计算

单项选择题

1. C 　2. C 　3. B 　4. B 　5. D

任务十 门、窗洞口的工程量计算

一、判断题

1. × 2. √ 3. √

二、多项选择题

1. BD 2. ACD

任务十一 圈梁、过梁、构造柱的工程量计算

一、单项选择题

1. A 2. C

二、多项选择题

1. ABC 2. ABC

任务十二 装修的工程量计算

一、判断题

1. × 2. √ 3. √ 4. ×

二、多项选择题

1. ABCD 2. AB

任务十三 零星及其他构件的工程量计算

一、判断题

1. √ 2. √ 3. ×

二、多项选择题

1. BC 2. ABCD

第5章 CAD导图识别建模

任务十四 CAD导图识别流程

判断题

1. √ 2. × 3. × 4. √ 5. ×

任务十五 新建工程并导入图纸

判断题

1. × 2. √ 3. √ 4. √ 5. ×

任务十六 识别楼层及轴网

判断题

1. √ 2. × 3. × 4. √ 5. √

任务十七 识别柱

多项选择题

1. AB 2. ABDE 3. ACE 4. ACDE 5. BCD

任务十八 识别梁

单项选择题

1. D 2. A 3. A 4. D 5. B

任务十九　识别板与板钢筋

单项选择题

1. D　2. A　3. A　4. C　5. C

任务二十　识别基础

单项选择题

1. D　2. B　3. A　4. C　5. C

任务二十一　识别墙及门窗

一、单项选择题

1. B　2. B　3. A

二、多项选择题

1. ACDE　2. CDE

任务二十二　识别装修

一、判断题

1. ×　2. √　3. √

二、多项选择题

1. ABC　2. BCD

附录二 工程图纸

本附录给出了相关附图，可扫码查看。

附图 1 结施 -02 结构设计总说明二
结施 -03 结构设计总说明三

附图 2 结施 -04 基础施工图

附图 3 结施 -06 框架
柱平法施工图

附图 4 结施 -07 2.95 标高层
梁平法施工图

附图 5 结施 -11 2.95 标高层
结构板施工图

附图 6 结施 -14 楼梯配筋图

附图 7 结施 -05 -0.65 标高
地梁施工图

附图 8 建施 -01 建筑设计总说明
建施 -02 工程做法表及门窗表

附图 9 建施 -08 楼梯及大样图

附图 10 建施 -03 一层平面图

附图 11 建施 -07 立面图

参考文献

[1] 中华人民共和国住房和城乡建设部. 房屋建筑与装饰工程工程量计算规范 GB 50854—2013[S]. 北京：中国计划出版社，2013.

[2] 中华人民共和国住房和城乡建设部. 建设工程工程量清单计价规范 GB 50500—2013[S]. 北京：中国计划出版社，2013.

[3] 中华人民共和国住房和城乡建设部. 建筑工程建筑面积计算规范 GB/T 503532013[S]. 北京：中国计划出版社，2014.

[4] 中国建筑标准设计研究院. 混凝土结构施工图平面整体表示方法制图规则和构造详图(现浇混凝土框架、剪力墙、梁、板)16G101—1[G]. 北京：中国计划出版社，2016.

[5] 中国建筑标准设计研究院. 混凝土结构施工图平面整体表示方法制图规则和构造详图(现浇混凝土板式楼梯)16G101—2[G]. 北京：中国计划出版社，2016.

[6] 中国建筑标准设计研究院. 混凝土结构施工图平面整体表示方法制图规则和构造详图(独立基础、条形基础、筏形基础、桩基础)16G101—3[G]. 北京：中国计划出版社，2016.

[7] 规范编制组. 2013建设工程计价计量规范辅导[M]. 北京：中国计划出版社，2013.

[8] 四川省建设工程造价总站. 2020四川省建设工程工程量清单计价定额：房屋建筑与装饰工程[S]. 成都：四川科学技术出版社，2020.